史上最简单的问题解决手册

高效能人士做决定的51个思考模型

麦克·克罗格鲁斯 (Mikael Krogerus)
罗曼·塞普勒 (Roman Tschäppeler)

升级版

让任何人不再难以做决定

50 ERFOLGSMODELLE:
KLEINES HANDBUCH FÜR STRATEGISCHE ENTSCHEIDUNGEN

中国青年出版社
CHINA YOUTH PRESS
中青文传媒

图书在版编目(CIP)数据

史上最简单的问题解决手册：高效能人士做决定的51个思考模型：升级版/（瑞典）麦克·克罗格鲁斯，（瑞士）罗曼·塞普勒著；胡玮珊，于淼译.
—北京：中国青年出版社，2018.8
书名原文：50 ERFOLGSMODELLE：KLEINES HANDBUCH FüR STRATEGISCHE ENTSCHEIDUNGEN
ISBN 978-7-5153-5135-3
Ⅰ.①史… Ⅱ.①麦… ②罗… ③胡… ④于… Ⅲ.①问题解决（心理学）Ⅳ.①B842.5
中国版本图书馆CIP数据核字（2018）第112146号

Title of the original Publisher's edition:
Author: Mikael Krogerus, Roman Tschäppeler
Title: 50 Erfolgsmodelle. Kleines Handbuch für strategische Entscheidungen - Neuausgabe

史上最简单的问题解决手册：高效能人士做决定的51个思考模型（升级版）

作　　者：［瑞典］麦克·克罗格鲁斯　［瑞士］罗曼·塞普勒
译　　者：胡玮珊　于　淼
责任编辑：胡莉萍
美术编辑：靳　然
出　　版：中国青年出版社
发　　行：北京中青文文化传媒有限公司
电　　话：010-65511270/65516873
公司网址：www.cyb.com.cn
购书网址：zqwts.tmall.com　www.diyijie.com
印　　刷：北京诚信伟业印刷有限公司
版　　次：2018年8月第2版
印　　次：2018年8月第1次印刷
开　　本：889×1194　1/32
字　　数：90千字
印　　张：5.25
京权图字：01-2018-0309
书　　号：ISBN 978-7-5153-5135-3
定　　价：39.90元

目录

如何更加了解自己

如何更加了解他人

如何改善他人

该你了

附录

使用说明

为什么撰写这本书

9年前我们敏锐地观察到：无论是在人生大事上，还是鸡毛蒜皮的日常琐事方面；无论是购物或听歌，还是处理工作或在酒吧消遣，人们总是很难做出决定。因此，我们不断寻求一些有助于自己理出头绪、分类归纳以及权衡利弊的模型和方法，试图利用它们帮助我们做出决策。

解决方案就在你面前的这本书里。起初我们是为自己而写的，觉得一版能印500本就不错了，然而它却被译成20种文字，售出了上百万册。显然，很多人和我们有着一样的困惑。

在过去的几年里，我们不断收到很多有价值的反馈，有关于新模型的，也有关于书中存在的错误的，这促使我们决定对这本书进行修订，并扩展一些新的决策理论。

为什么你该读这本书

这本书是为每天都得与他人打交道的人士所写的，无论你是老师、教授、飞行员，还是顶尖的经理人，在工作当中都会一再碰到同样的问题：怎样才能做出正确的决定？怎样才能鼓励自己和麾下的团队？怎样才能扭转乾坤？怎样才能提升工作效率？而在比较私人的领域则有这些问题：我在朋友之间的风评如何？我是活在当下吗？我想要什么？

你会在本书看到什么

本书将以文字和图表描述51个最棒的决策模型——有知名的，也有不为人知的，协助各位处理以上的这些问题。不要期望直截了当的回答，准备好接受考验，准备迎接思想的飨宴。你从本书得到的知识，将会让朋友和同事印象深刻：黑天鹅是什么？长尾是什么？我为什么总是丢三落四？面临冲突时又该如何自处？

怎样运用本书

你可将本书视为工具书，仿效各种模型的做法，填入、删去、开发和改进书中的内容。无论你是需要准备发表简报，还是进行年度的绩效评鉴；无论你是面对艰难的抉择，还是现在终于摆脱耗费时日的争端；无论你是想要重新评估公司的商业点子，还是想要更加了解自己——本书都会为你提供指导。

决策模型是什么

本书介绍的模型都符合以下所列的标准：

简化：这些模型并不会试图包罗万象，只涉及相关联的部分。

务实：聚焦于实用的部分。

摘要：这些模型会摘要说明复杂的相互关系。

视觉性的：本书模型会通过图表说明，传达文字难以表达的概念。

有组织的：这些模型提供一种结构，并且建立一种档案系统。

这些模型是**方法**：它们并不会提供答案，而是提出问题；当你运用这些模型时，答案就会自然浮现，譬如在模型里代入自己的内容并按照模型的指导加以实践。

为什么我们需要决策模型

我们身陷混乱的局面时，会想办法理出头绪，或至少以宏观的角度来看事情。模型让我们聚焦于真正重要的部分，进而简化情况的复杂度。批评人士总喜欢说模型无法反映出现实状况，确实如此，但不能就此宣称模型会迫使我们以既定的方式思考问题。模型是积极思考过程的结果，并不会界定我们该想些什么或是怎么思考。

各个模型的效果如何取决于读者怎样运用。

如何
改善自己

怎样加强工作效率

艾森豪威尔矩阵

美国前总统德怀特·戴维·艾森豪威尔曾说："最紧迫的决策通常都不是最重要的。"艾森豪威尔被视为时间管理大师，也就是说，他有能力在时限之内完成任何事情。按照艾森豪威尔的方法，你会学到怎样区分"紧迫"和"重要"之间的差别。

无论落到你办公桌上的工作是什么，你一开始就可以根据艾森豪威尔的方法（参考模型）对工作进行分解，然后决定进行的方式。我们通常太过聚焦于"紧迫和重要"的领域，只看到需要立刻处理的事情。问问自己这些问题：我什么时候要处理那些虽然重要，但并不紧迫的事情？我什么时候能抽出时间处理那些重要的工作，以免它们变得紧迫？这是策略性、长期决策的领域。

另外一个改善时间组织的方法则应归功于亿万富翁沃伦·巴菲特。罗列所有今天要做的事情，首先从清单上第一项做起，唯有在完成之后才继续下面的工作。每完成一项工作，便在清单上删掉。

亡羊补牢犹未晚，但最好永远都别延迟。

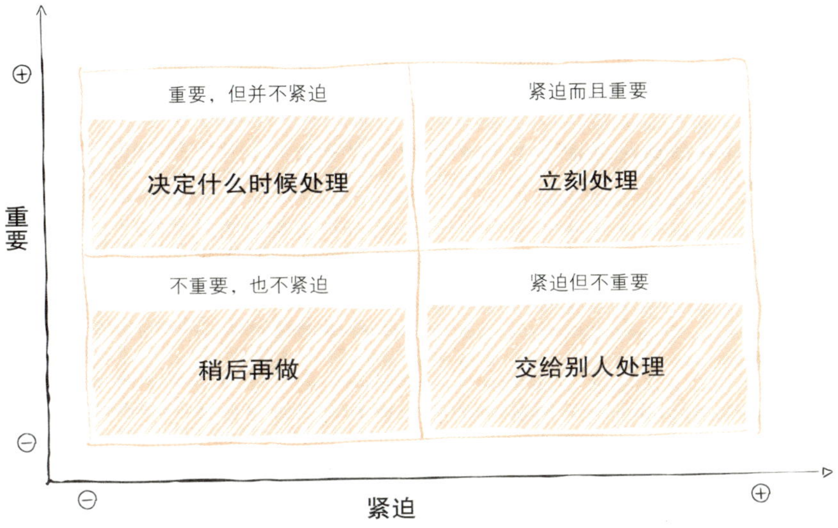

填入目前你必须处理的工作。

怎样找到正确的解决方案

SWOT分析法

SWOT分析法用来评估项目工作中的优势、劣势、机会和威胁，这个技巧是根据斯坦福大学于20世纪60年代针对财富500强企业数据分析的研究而来的。这项研究发现，企业在目标和实际达成目标之间存有35%的差距，问题不是出在员工没有能力上，而是因为目标设定过于模糊，许多员工对自己从事的工作也不知所以然。SWOT分析法是根据这项研究开发出来的，目的在于协助项目参与者更加了解自己从事的工作。请思索SWOT分析法的每一个步骤，而不是单纯匆促地填写。我们可以怎样凸显自身的优势，并弥补（或是掩饰）自身的劣势？我们可以怎样充分掌握机会？怎样才能保护自己免受威胁侵扰？

SWOT分析法有趣之处在其多面性：它可以应用在企业的决策里，也可以用于个人的决定中，结果同样都很成功。

如果你没有失败，说明你不够努力。

——格雷琴·鲁宾

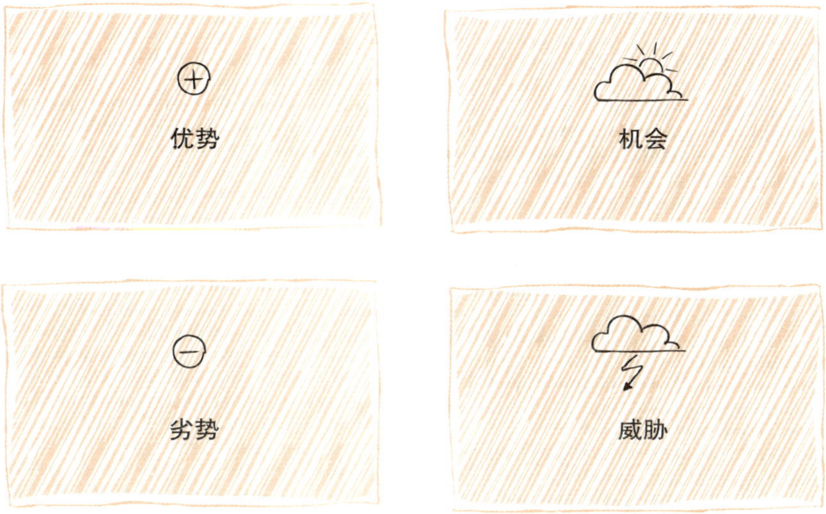

回想一下人生之中碰到过的重大项目计划，那时候你会怎样填写SWOT分析法的图表？跟你现在会怎样填写的方式比较看看。

怎样评估成本和效益

波士顿矩阵

在20世纪70年代，波士顿咨询公司开发了一套方法，以评估公司投资组合的投资价值。矩阵中的4个领域分别代表4种不同的投资：

- **金牛**：金牛是指市场占有率高，但成长率低的投资，这意味着成本不高，但投资报酬率很高。顾问建议：挤出现金进行投资。
- **明星**：这类投资虽然市场占有率和成长率都很高，但是为求成长会吞食掉资金，只能期待明星有朝一日会成为金牛。顾问建议：投资。
- **问号**：又称为“问题儿童”，具备高成长的潜力，可是市场占有率很低。只要有财力资助和诱因引导，这类投资就能成为明星。顾问认为这是困难的抉择。
- **狗**：这种业务单位在饱和的市场里占有率较低，这种投资之所以存在，纯粹是基于财务以外的原因（例如虚荣或是帮朋友忙）。顾问建议：清算。

亿万富翁也是从曾经普通的百万富翁开始的。

——杰瑞·刘易斯

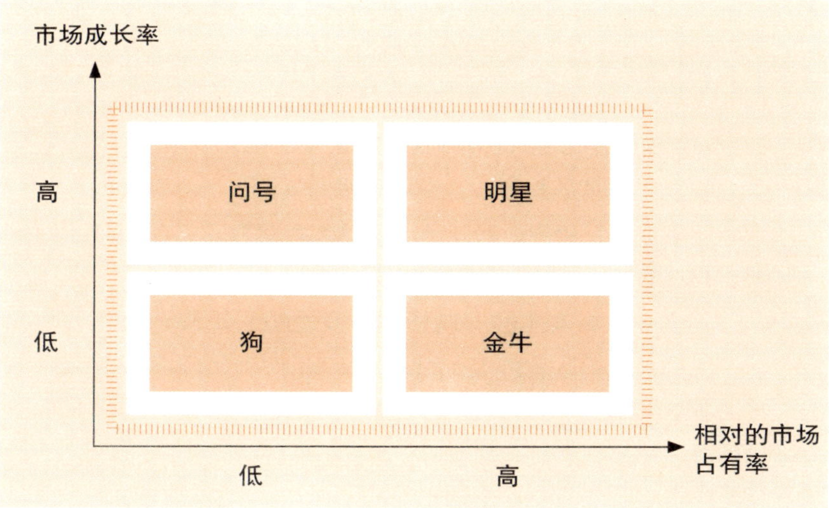

将你的金融产品、投资或是项目计划填入矩阵之中，轴线分别表示成长潜力和市场占有率。

怎样推进和监督多项计划

项目投资组合矩阵

你是否兼顾许多项目计划而疲于奔命？如果是这样，那你就是所谓的“斜杠青年（身兼数职族）”。这个名词是纽约作家玛希·埃尔博尔所创，形容那些在面对“你以什么维生”这个问题时说不出单一答案的族群。

假设你同时是教师、音乐家和网站设计人员，这样的组合听起来或许很精彩，可是你要怎样才能悠游于各项项目计划之间？怎样才能确保有稳定的收入进账？

各位可根据成本和时间的项目投资组合矩阵，把目前从事的项目计划区分为工作相关和私人领域。除了金钱的成本之外，也要考虑到朋友的人脉、耗费的心力和心理承受的压力。

成本和时间只是两个例子而已，你可以根据自身处境之中任何相关的指标来衡量，譬如，X轴可以是“我的项目计划对我达成最终目标有何帮助”，Y轴则可以是“我能从这项项目计划中学到什么”。现在把你的项目计划根据“达成的目标”和“学到的程度”来进行衡量。

怎样解读分析的结果

- 如果这项项目计划无助于你的学习，和最终的目标也没有关系，那就可以排除掉。

- 如果项目有可以学习的地方，可与你的愿望并没有关系，所以虽然有趣，但无助于最终目标的达成，那么试着改变这项项目，让它可以对实现你的愿望产生帮助。
- 如果项目和你的愿望相符，可是你学不到什么新东西，那么可请别人来执行。
- 如果你既有东西可以学，又可以实现愿望，那就是中大奖了！

要注意让你的项目有序地结束，也要关注那些没有成功的项目。

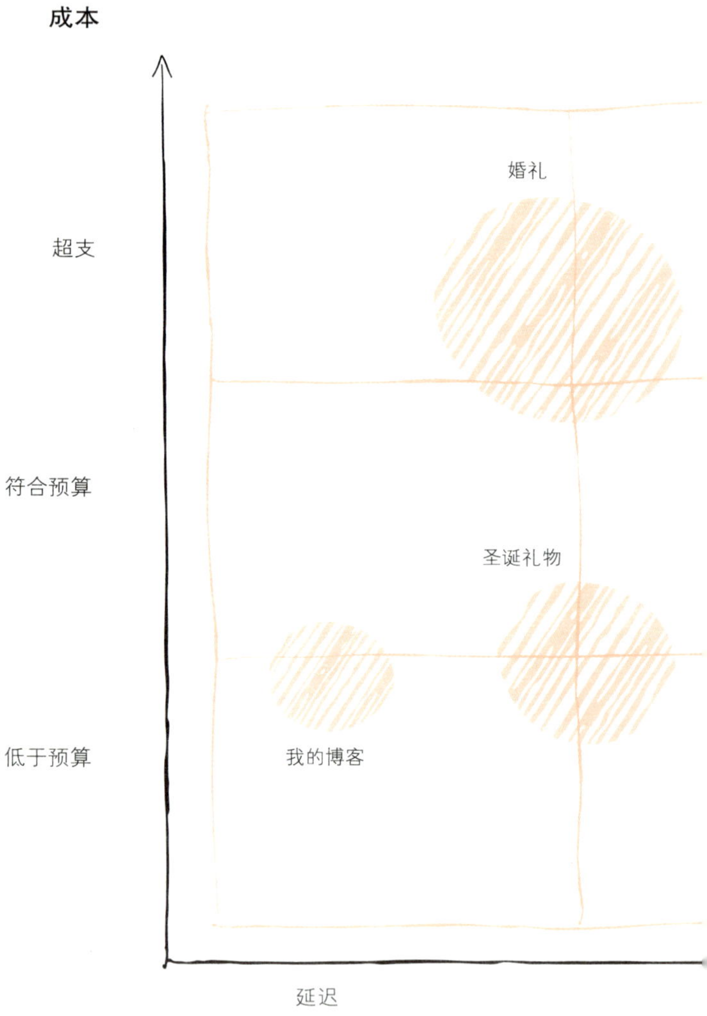

根据这个矩阵分析你目前的项目计划：符合预算和时限吗？

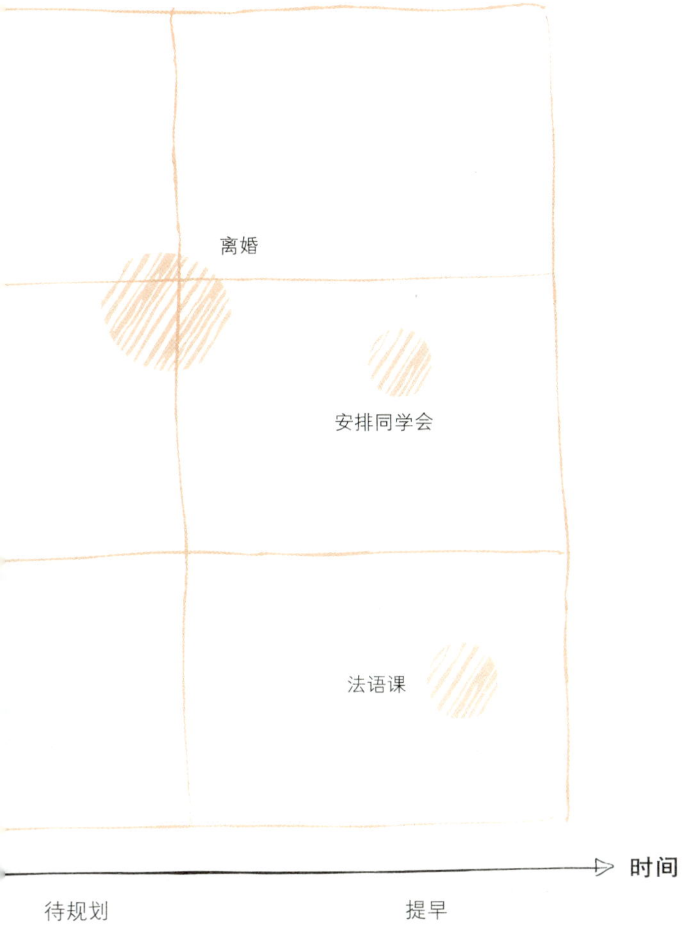
离婚
安排同学会
法语课
时间
待规划
提早

怎样评价你的工作成果

自我反馈模型

当被问到“你最擅长什么”时，绝大多数人似乎很容易得出答案，但20世纪最重要的管理学思想家之一彼得·F. 德鲁克认为事实并非如此。为了能更好地认识自己，他给出了一个完美的建议：每当你要做重要的决策时，在准备阶段写下你期待什么样的成果，一年后再来比较一下自己的预期和实际结果。

德鲁克总拿他的个人预期和实际结果做对比，以此进行自我反馈，并用时间来证明：在哪些领域他可以做出正确判断，而哪些领域他不能。换言之就是他擅长什么，不擅长什么。

这个模型听起来并无高深的奥妙，但事实上加尔文教派和耶稣教派的传教士从17世纪中叶就开始使用这一方法了，而根据一些史学家的观点，这两个教派之所以产生巨大影响，在某种程度上是源于他们能更好地做出自我判断。

知晓我们的长处在哪里，对个人来说是最重要的事情。

——彼得·F. 德鲁克

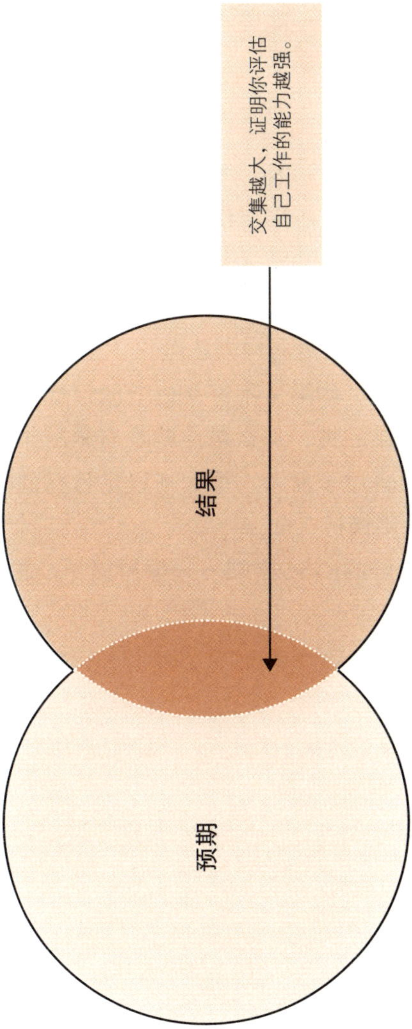
交集越大，证明你评估自己工作的能力越强。
结果
预期

你追求的目标正确吗

惠特默模型

如果你自行设定目标，那么要将最终目标和表现目标加以区分。最终目标可能是“我想跑马拉松”，而表现目标则有助于你达到这个终极目标，例如，“我每天早上跑步30分钟”。

在一张纸上写下你的目标，然后逐步地进行检查：这个目标是否符合模型所列的14个条件。

要注意的是：如果是不可能达成的目标，那么就没有希望；如果没有挑战性，那么对你就没有激励作用。如果这14个步骤对你而言过于复杂，那么在设定目标的时候，请将以下这个基本原则谨记在心：

越简单越好的KISS原则——保持简单、愚蠢！（Keep It Simple, Stupid!）

对于大多数人而言，最大的风险不在于设定的目标过高、难以达成，而是设定的目标过低，而且还达成了。

——米开朗基罗

➡另请参考：沉浸模型（第056页）

S	具体的 specific	正确的目标		C	具有挑战性的 challenging
M	可测量的 measurable	P	正面的陈述 positively stated	L	合法的 legal
A	可达成的 attainable	U	被充分理解的 understood	E	环保的 environmentally sound
R	务实的 realistic	R	相关的 relevant	A	认同的 agreed
T	分期间的 time phased	E	道德的 ethical	R	有记录的 recorded

你一旦设定目标，就要检查它是否符合这14个条件。

两难的情况该怎么处理

橡皮筋模型

这是你熟悉的情况吗：你的某个朋友、同事或是客户正面对未来可能不容反悔的抉择，譬如，转换事业的跑道、搬到另外一个城市，或是提早退休。赞成和反对的主张势均力敌，你要怎样才能帮助他们摆脱这种两难的局面？

根据橡皮筋模型，请对方问自己这几个问题：有什么事情令我裹足不前？又有什么力量牵引我向前？

乍看之下，这个方法似乎是这个传统问题单纯的延伸："优点是什么，缺点又是什么？"但其中的差异在于："有什么事情令我裹足不前，又有什么力量牵引我向前？"属于正面的问题，所反映的情境之中，两个选择都很有吸引力。

任何决定一旦做出，随之而来的便是平静，即使做出的是错误的决定也不例外。

——美国社运人士作家丽塔·梅·布朗

➡另请参考：SWOT 分析法（第 016 页）

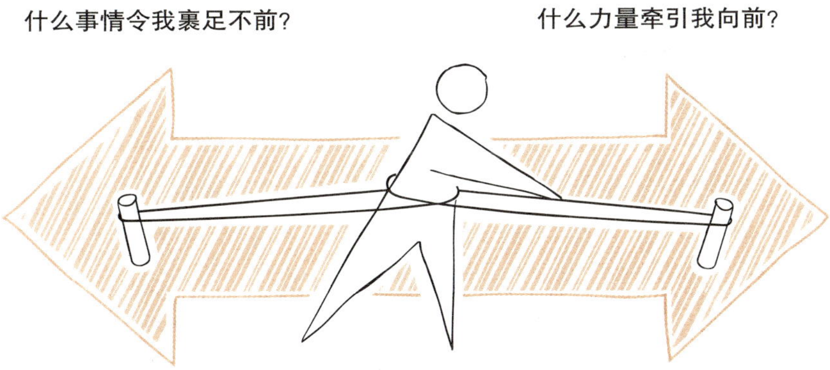

如果你要在两个都很好的选择之间做出抉择，问问自己有什么牵绊和牵引。

如何处理他人的抱怨和批评

反馈模型

意见回馈是在团体之中最困难，也是最敏感的流程之一。批评的话语很容易就会刺伤人，可是虚假的称赞也有害无益。称赞通常会让我们流于自满，批评的话则会伤害自尊，而且可能使得我们做出不明智的抉择。

所以，“你觉得什么好，什么不好”这样泛泛的问题未必有帮助。如果说意见反馈有什么可以学习的地方，最好问问自己可以怎样运用这些批评。换句话说，也就是思索什么可以维持现状，什么需要加以改变（不过在此之前，一切或许都平静无波）。

重点不光是找出不尽理想之处，同时也是判断要不要以及怎样加以反应。通过这个模型，你可将得到的反馈意见分门别类，以便明确地建立行动方案。

诚实面对这个问题也很重要：哪些成功或失败的经验其实是运气使然？你赢得比赛纯粹是因为球刚好掉到网里头吗？你真的值得这样的称赞吗？

谨慎所思，因为这将化为言语。
谨慎所言，因为这将化为行动。
谨慎所行，因为这将化为习惯。
谨慎所习，因为这将化为性格。
性格亦当谨慎，因为这将成为你的命运。

——摘自犹太法典《塔木德》

根据这个模型，将你得到的反馈意见加以区分。你想听从什么建议？哪些批评会让你采取行动？哪些建议是可以忽略的？

怎样快速做出决定

是非原则

拥有快速决断力的有效方法就是使用是非原则。当你必须权衡利弊但又没有足够时间时，这一原则就能派上用场。比如，要对一个问题进行决断（这个人生病了吗），医生要通过排除法做诊断（她发烧了吗，血液循环正不正常，等等）。

有一点很明确，即是非原则不仅仅在医学上发挥作用，而且在管理学、个人生活或者政治领域都很有参考价值。2013年，时任美国总统的巴拉克·奥巴马就对是否使用雄蜂无人机进攻的决策提了三个是非问题：目标人物是否对美国公民构成了持续和直接的威胁？美国是否是唯一适合关注这一威胁的国家？是否能排除平民受到伤害的可能？只有这三个问题的答案都是“是”，他才能下达进攻命令。

像“是”和“否”这样最简短的词，最需要深思熟虑。

——毕达哥拉斯

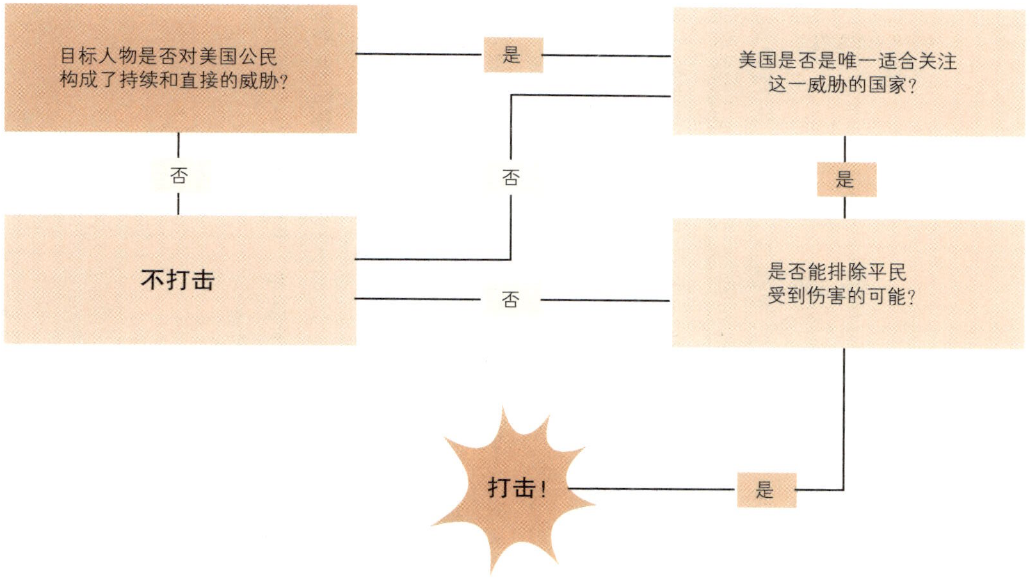

时任美国总统的巴拉克·奥巴马根据是非原则做出最终决策。

为什么要限制你的选择

果酱悖论

人们从直觉上认为，越多则越好。比如，在我们看来，验证的选项越多，做出的决策就越好；选择面越大，我们就越满意。有时却适得其反：选择越多，我们的期待就越大，与之相伴的是我们越会担心做出错误决策，这也被称为选择悖论。美国人希娜·艾扬格在一个看上去违背常理的实验中证明了这一点。

艾扬格在一家超市里摆出各种果酱供顾客试吃：一天是6种，另一天是24种。选择较少的时候有40%的顾客品尝了果酱，30%的人买了一瓶。选择多的时候吸引了60%的顾客，但只有2%的人购买。她因此得出结论：选项太多虽然吸引人，但也让人感到迷茫。

怎么在日常生活中解决这个问题呢？心理学家巴里·施瓦茨建议：减少你的选择项。比如，在餐馆点餐时就点你看中的第一道菜，然后立刻放下菜单。因为你脑中浮现的选项越多，你就越不满意，越难以确定。

多意味着艰难。

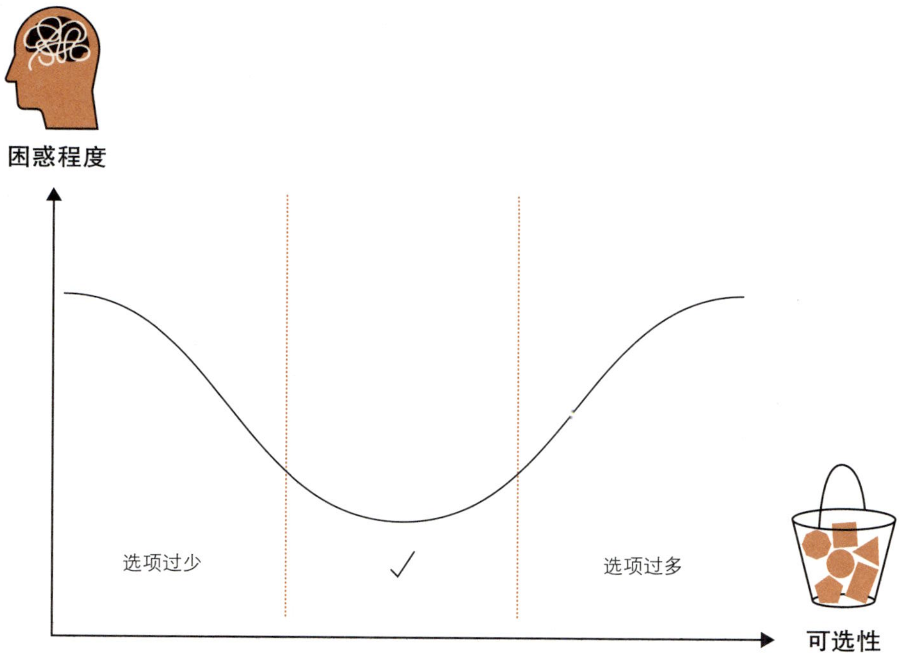

没有选择时，人们会抱怨，选择太多时亦如此。

如何挖掘商机乘虚而入

市场缺口模型

每种新的商业模式都源于一个发现和填补市场空白的念头，但问题是怎么才能做到？市场缺口模型可以帮助你以简单的方式立体地呈现市场特点。请你画出三条轴线，分别代表你预期中市场、客户和产品可能的趋势。

假设你想开一家咖啡馆，按照下列标准在坐标系中标出你竞争对手的位置：

X轴——客流（这个咖啡馆有多少流动客流？）

Y轴——价格（出售的咖啡在什么价位？）

Z轴——口碑（这个咖啡馆有多受欢迎？）

可能在有些区域你放置了很多竞争对手，如果你的产品在这里有潜力称为品类杀手[①]，那么你就可以带着自己的商业模式毫无顾虑地进入这个区域。打个比方，随着喝咖啡已经从一个极普通的生活习惯上升成一种高雅的体验，星巴克就成为一个品类杀手，所有同行参与者都以它为标杆。更理想的是，你能找到一处还没被占领的缺口。

小心，要注意没有任何人的那片区域！你要仔细考察这里到底有没有市场需求。

定位就像探勘石油一样，浅尝辄止是远远不够的。

---

① 品类杀手是指营业面积较大，但商品品类较少的连锁专卖店，因其在较小的商品品类范围内有较多的单品，故能“杀死”那些经营同类商品的小商店（来源：http://wiki.mbalib.com，MBA智库百科）。

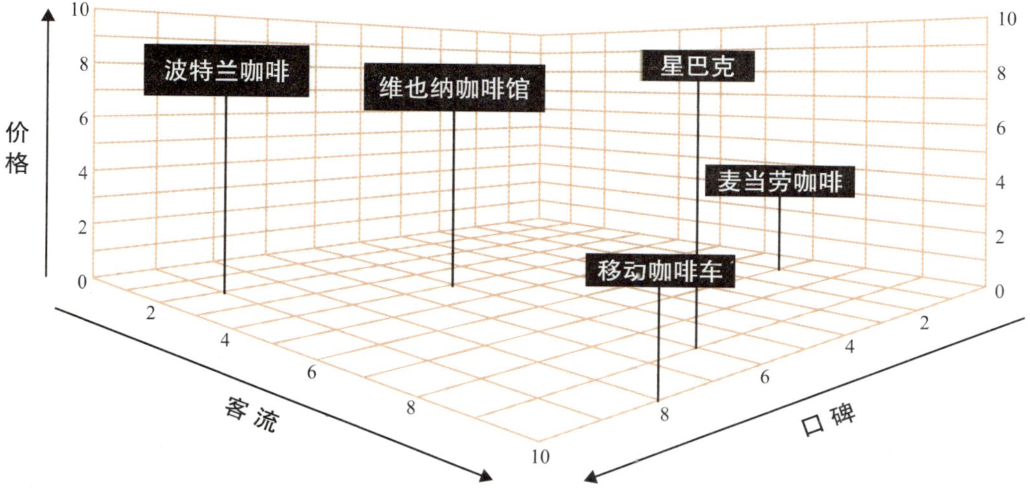

这个模型能帮助我们发现市场空白：根据三个轴（价格、客流、口碑）摆放你的竞争对手，看看哪里有空隙？

为什么需有结构才能发挥创意

形态分析盒与奔驰创意法

创新或许意味着从事一些崭新的工作，不过这也可能表示重新组合既有的事物，但要怎么做呢？

形态分析的概念来自于生物结构和配置的研究。在20世纪30年代，加州理工学院的瑞士物理学家弗里茨·兹威基以他所称的形态分析盒，开发了一种解决问题的方法，这种方法结合各种既有个体的属性从而开发出新的个体。兹威基起初把这种方法应用于喷射机引擎技术上，后来也开始应用在营销策略和新点子的开发上。

运作方式

以新车的开发工作为例，要明列所有相关参数（例如汽车种类、目标族群），并尽可能地描述每个参数的特质。这需要专长以及想象力的配合，因为目标是从已经存在的事物之中开发出崭新的东西。以这个例子来说，结果是产生一个双层面的表格（不过，形态分析盒可多达4个层面）。

接下来的步骤需要进行脑力激荡，比如，这辆车必须是休旅车，不过也须具备能源效率，而且制造成本不贵。哪些属性符合这些条件？把你所选的属性用一条直线连接起来，这个新的属性配置可作为你评估理想车款的基础。

除了形态分析盒之外，鲍勃·艾伯尔开发的奔驰创意法

（SCAMPER）检查表，也有助于各位读者重新配置既有的点子或产品。以下7项关键问题源于广告公司BBDO创办人亚历克斯·奥斯本开发的问卷。

- **替代性如何**——可以替代的人物、组件、原料有哪些？
- **结合性如何**——结合其他功能或事物的能力如何？
- **调整性如何**——能否更改功能或外观？
- **改造性如何**——能否修改尺寸、形状、质地或是音质？
- **作为其他用途如何**——具备哪些其他的、新的、合并的用途？
- **除去性如何**——可否减少、简化、删除任何多余之处？
- **反转性如何**——可否反向、反转运用？

重点不是了解什么是没有人看过的，而是思索还没有人想过哪些是每个人都看过的。

——亚瑟·叔本华

➡另请参考：盒子外思考模型（第 044 页）

配置 / 参数	配置1	配置2
设计（外观）	朴素	有棱角的
性能、引擎	汽油 100 ~ 200 hp	汽油 200 ~ 300 hp
座椅 / 车厢	2	4
车辆种类	礼车	小巴
形态	自信	酷炫
特性、营销资产	DVD播放机 （和百事达合作）	和网络商店 音乐下载服 结合
目标族群	高资产人士	丁克族

配置3	配置4	配置5	配置6
长	流线型	跑车款	运动型
油	油电混用	氢气车	电动车
	6	6+	6+ 包括可完全平躺的椅背
旅车	旅行车型	双人座敞篷车	小型卡车
善	痞子风	法式	美式
车改装凭证	和国家铁路公司合作以建立城际服务	每年随选新的烤漆	冰箱，甚至厨房
极向上的人	乐活族	富有的退休人士	低调奢华一族

应该花多少钱送礼

送礼模型

送礼就像走雷区，收到过电影票的人，或者更倒霉的是送出过电影票的人，都会知道有多尴尬。我们这个非专业的小模型由两个轴构成：

- 这个礼物多少钱（价格）?
- 这个礼物有多贵重（价值）?

两个经验法则

“大方”强于“吝啬”（别被“实在没有必要”这句话给骗了）。

将心比心，买你自己也乐于收下的礼物。

人们会因为奢华而迷失自己，可以为此放弃所有必要的东西。

——奥斯卡·王尔德

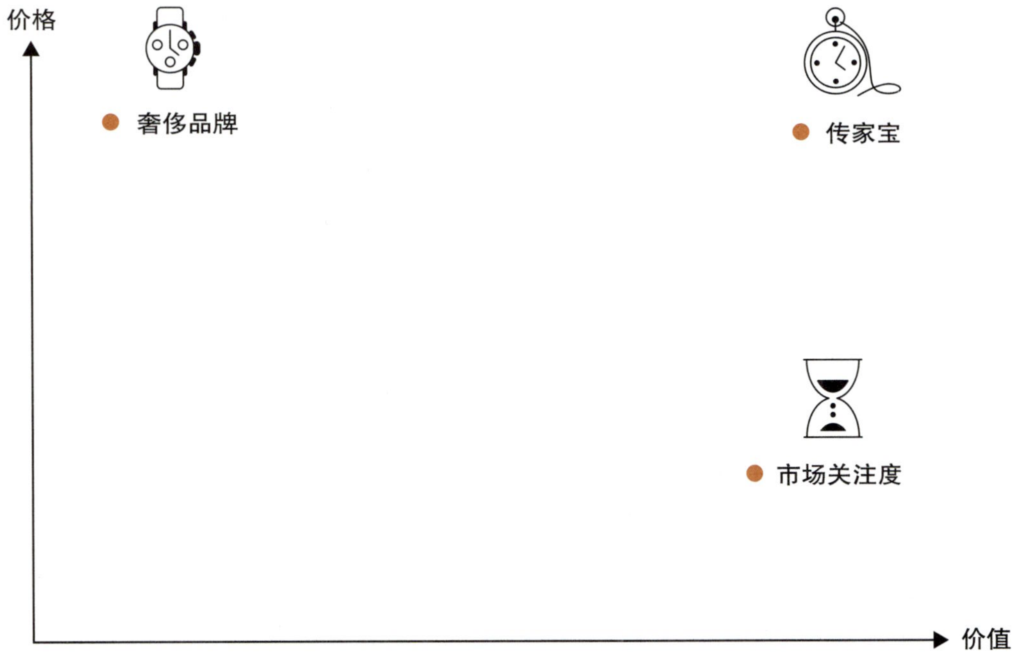

你送出的最有价值的东西是什么？收到的呢？

怎样想出出其不意的点子

盒子外思考模型

真正有变革意义的想法绝大多数都要改变现状，或换个领域来思考问题。最常见的是人们另辟蹊径地找到了灵感，或是打破了游戏规则。我们先从20世纪首次出现在智力题期刊中的“九点连线问题”说起。

题目：请最多用四条线将九个点一笔连接起来。

答案：技巧在于线条要打破四边的框线。

这道智力题常用来举例说明创新思维，但也不要草率下结论。因为英属哥伦比亚大学的心理学家彼得·赛德菲尔德有个出乎意料的发现，即限制环境刺激疗法（REST）。这一方法是将测试者安置在与外界环境隔离的封闭房间里，房间中光线微弱，也接收不到外界刺激，研究人员要保证测试者不会出现精神问题。而后出现的情况是：测试者血压降低，情绪变好，而且变得更有创意。

想在盒子外思考的人，就得打破盒子内的思维。

➡另请参考：形态分析盒与奔驰创意法（第038页）

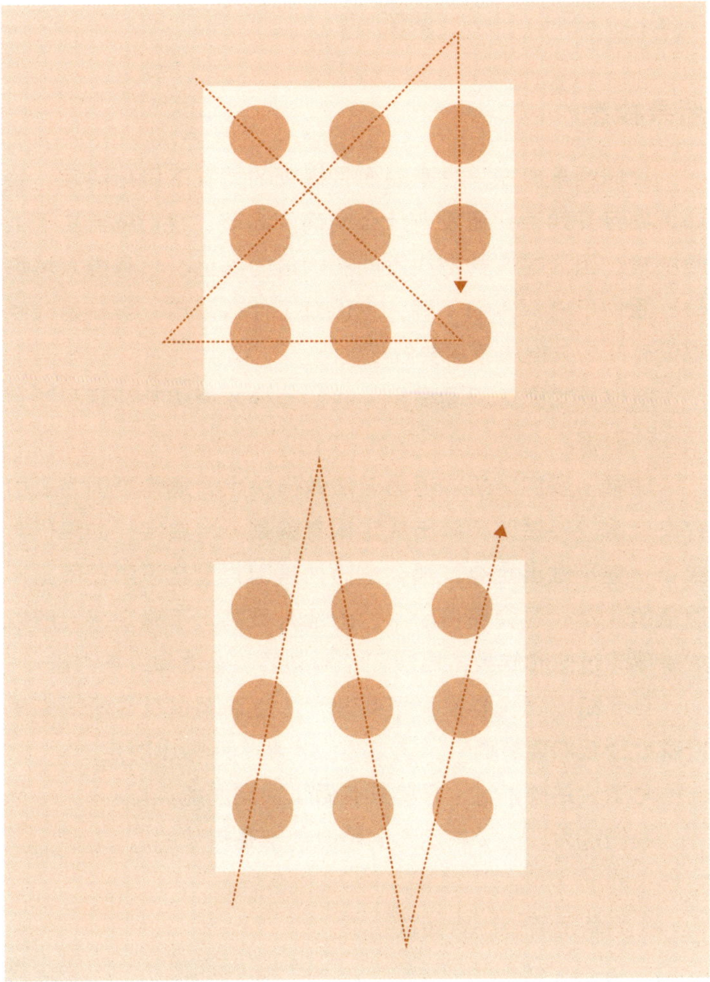

这样最多用四步就可以连接九个点。

当机立断为什么很重要

后果模型

我们经常要在信息有限而且模糊的情况下做出决定，譬如，项目开始之初还没有什么明确的细节，我们就得勇于大胆决策，因为这些初期决策的影响最为深远。项目进入尾声时，我们已有深入的了解，也没有了什么疑虑，可在这时候也没有什么关键决策需要做出的了。

所以最重要的问题在于，我们怎样才能弥补怀疑和决定之间的隔阂。

注意：我们之所以迟迟无法做出决定，通常是因为心中存有疑虑。不过，不做出决定本身就是一个决定。如果你对决议一直不做出定夺，那么这通常是因为潜意识里已做出不沟通的决定，这会使得团队的内部人员陷入不确定感。所以如果你想过些时候再做出决定，务必要明确地和大家沟通。

丹麦组织理论学家克里斯蒂安・克瑞勒以及瑟伦・克里斯森鼓励我们要有勇气，信息再少也要大胆做出决定。

马丁・路德说过：凡事只有做了决定才能实现。

我们认为，一个决定直到修改前都是有效的。

我们总是后悔没有做过的事。

——马赛尔・普鲁斯特

➡另请参考：停止原则（第 050 页）

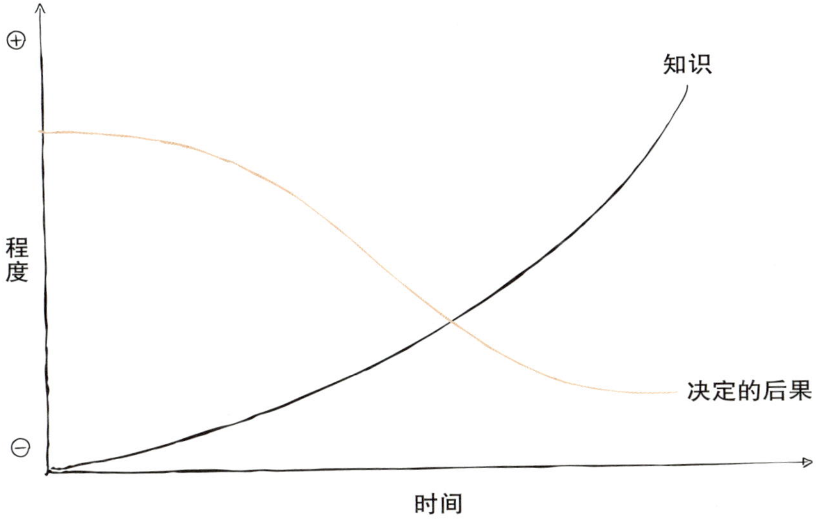

这个模型显示：你的决定跟自身知识的相关程度。

如你所知，凭直觉去做决定

无意识思考理论

人们总认为，一个好的决策应当是仔细斟酌的结果。对一些相对简单的情况来说的确如此，你可以冷静地权衡利弊。但如果面临相对复杂的情况、没有明显正确的答案时，那么就干脆让大脑放松一下。因为积累的论据越多，接下来你凭直觉处理问题时就越容易自相矛盾。原因在于，遭遇信息轰炸时，人们很容易做出无意识行为。

但是，如何做到放弃理智呢？心理学家格尔德·吉仁泽的建议乍一看很老套：如果你不能在二者之间做出决定，就扔硬币。但当硬币在空中翻转时，也许你会意识到自己希望哪一面在上，那么结果就不需要再看了。

也就是说，不要再做犹豫不决的无用功，而是要把内心深处的愿望和自己的判断直接联系起来。另一种方法请见下页表格。

直觉是一种不需要阐释原因的认知。

直觉决策法

由艾普·狄克思特修斯和齐格·冯·奥登整理

1. 要做什么决策？

比如：我该和他结婚吗？

....

....

2. 解答下面这些回文词。

（回文词——提示——答案）

AMPEL（红绿灯）→ Baum（树）→ PALME（棕榈）

GRAS（草）→ Friedhof（墓地）→ ....

ATLAS（地图册）→ Vorspeise（前菜）→ ....

REIFEN（轮胎）→ Urlaub（假期）→ ....

EICHEL（橡木）→ Tod（死亡）→ ....

3. 现在写出你想做的决定。

....

....

....

....

这个方法是为了切断大脑的常规思考，从而激活无意识思维。不要反思它是否一无是处，直接开始体验吧！

什么时候需要修改决定

停止原则

美国人凯萨琳·艾森哈特和唐纳德·萨尔在他们的著作《简单法则》中指出，在一些特定情况下，简单的原则可以考虑用作普遍适用的法则，因为它能够明显缩短极为耗时的信息处理过程。

比如，如何知道什么时候需要修改一个决定？停止原则可以取代让人烦恼的左右权衡，因此最为适用。“什么时候该卖出？”——这是个困扰所有投资人的永恒问题，对此传奇投资人杰拉尔德·勒布在1935年提出了一个简单而有效的停止原则，他说：“如果一项投资让你失去了10%的身价，赶快卖出！不要迟疑和反悔。”

停止原则的优势在于使用它没有限制条件，它能让人不伤脑筋，也能挽救人的生命。在每一次登山活动中，为了保证能安全返回，登山者都要遵守停止原则：如果到14点仍不能登顶，就返回。1996年的一次珠峰登山活动没有遵守这一原则，导致了8人遇难。

分辨胆怯和疯狂是一门值得研究的艺术。

——莱茵霍尔德·梅斯纳尔

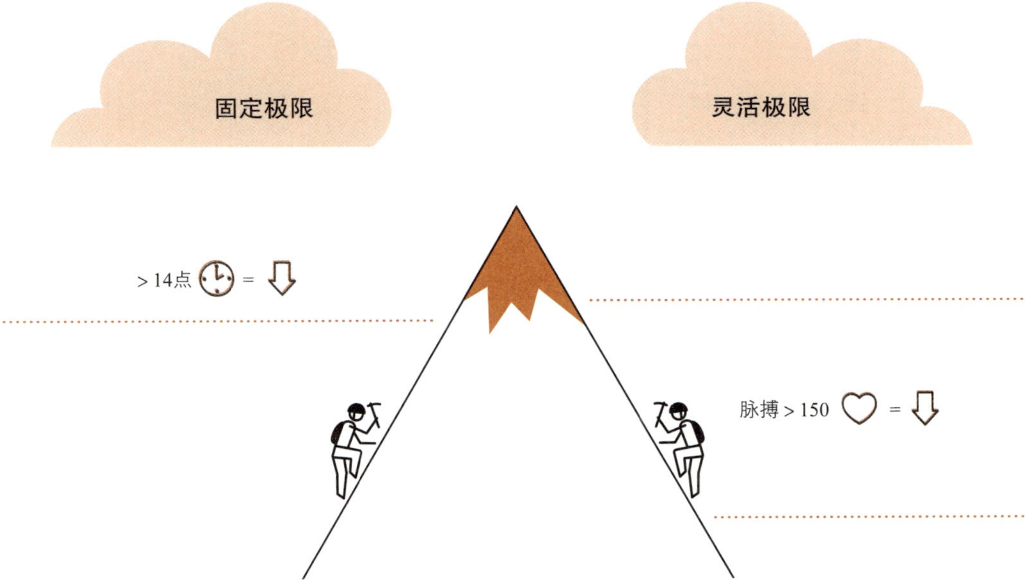

停止原则的两个版本：国定极限（14点不能到达顶峰时，选择返回）和灵活极限（当14点时脉搏还低于150下时，我们继续爬至15点）。

如何购买一辆汽车

购物决定模型

假设你要买一辆车，但是很难做出决定，下面几个小方法可以帮助你：

有策略地进行调查

调查会遇到的主要问题是：我们不能穷尽所有信息，但能在短时间内收集到很多信息。现在人们上网点几下鼠标就可以了解汽车销售商的情况，了解得越多觉得越踏实。但这种信息接收有一个临界点：虽然理论上讲我们还可以把余下的所有汽车检测报告都通读一遍，但事实上已经看不进去了。所以正确的做法是限制一下自己，比如在网上搜索三个小时资料，向三个朋友征求意见，去两家4S店逛逛。

降低你的期望值

不要想着找到一辆完美的车。心理学教授巴里·施瓦茨说，你要寻找的是一辆能满足你基本要求的车。即使这不是一个最好的选择，也比根本没有车或是海底寻针要幸运得多。所以，按优先顺序列出这辆车的五个要素，然后划去最后两个。

不要有后顾之忧

根据心理学家丹尼尔·吉尔伯特的观点，我们做决定的当下希望它的影响力能持续下去，但往往事与愿违，所以不妨试试哈佛前TOP5%优秀毕业生苏茜·韦尔奇的“10—10—10法”。

在买车这件事上问问自己：我的决定对未来十天的生活有什么影响？对未来十个月呢？对未来十年呢？

让别人来做决定

大多数人认为自己做决定更好，而伦敦商学院的西蒙纳·博蒂通过实验发现，我们在做一些决定的时候，常深深纠结于没有做出最好的选择，如果别人来做决定就可以避免这种情况。所以，如果你在两辆差不多的车之间犹豫不决，就让销售顾问来为你做决定。

或者像耶稣会创始人之一的依纳爵·罗耀拉一样，假设你已经做了一个决定，在三天内按这种假设生活。然后假设你做了另一个决定，再生活三天，之后你就能做出选择了。

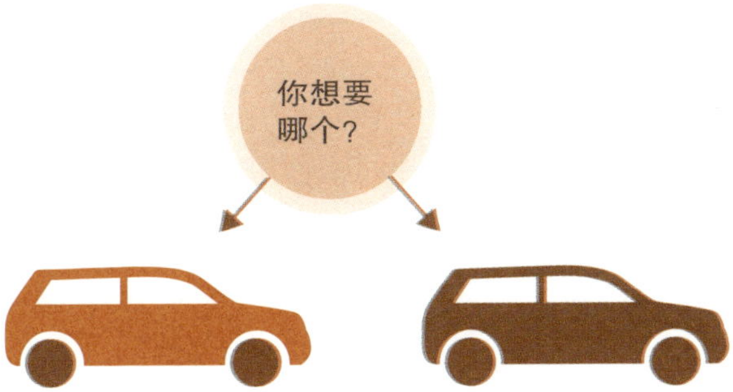

如何更加
了解自己

什么会让你快乐

沉浸模型

两千多年前，亚里士多德就提出了这样一个大家或多或少都懂的道理：人们最想要的是“快乐”。1961年，美国心理学家米哈里·奇克森特米海伊写道：“人们对快乐的追求是为了快乐本身，而其他所有的目标——健康、金钱或权力，却是只有在我们认为会让自身快乐时才会受到重视。”奇克森特米海伊为感到快乐的境界想出一个名词来加以形容，他将此称为“全心沉浸的心流”，进而对“人类什么时候才会进入沉浸的‘心流’”这一问题进行了探索。

他访问过1000多人，询问什么事情会让他们快乐之后，发现所有的回复都有5个共同点。快乐，或称“心流”“沉浸”，是当我们在以下情况时产生的：

- 密切地专注于某件活动。
- 这些活动是我们自己的选择。
- 既不会挑战性不够（令人无聊），也不会挑战性过高（让人过劳）。
- 具备明确的目标。
- 能够得到立即的回馈。

奇克森特米海伊发现，置身于“沉浸心流”境界的人们不但会感到深深的满足，也会无视时间的流逝，而且因为全神贯注于手中的工作而彻底忘了自己。音乐家、运动家、演员、医生和艺术家都说，当他们沉浸于往往会让人筋疲力尽的工作时，反倒是他们最快乐的时候——彻底颠覆了一般人认为一定要放轻松才能快乐的想法。

你为什么不能快乐?

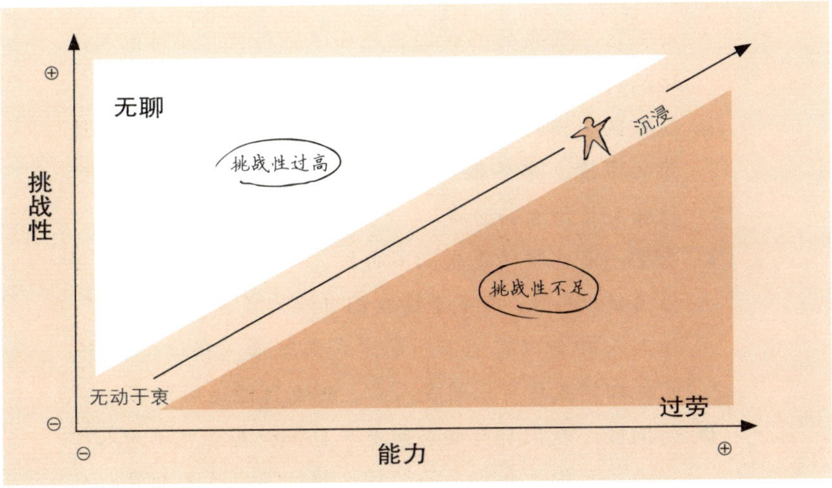

这个模型有两条轴：挑战性的程度以及你能力的高下。在图形上，写下你先前三次面临的挑战，以及你对这些挑战的感想。

别人对你的风评如何

乔哈里视窗

我们无法掌握本身的性格，但我们可以了解自己的个性当中哪些是对外界显露出来的部分。乔哈里视窗（Johari Window，这一名词取自发明者乔瑟夫·勒夫〔Joseph Luft〕与哈里·英格拉姆〔Harry Ingham〕名字的第一个音节）是描述人类互动最有意思的模型之一，这个模型以4格窗把个人意识区分为4个类型：

A. 公开区：代表的是我们自己知道，而且喜欢对他人谈述的特质和经验。

B. 隐藏区：指的是我们自己知道，但是选择不对他人透露的事情，这个部分的规模会随着我们和他人建立的信赖关系增长而递减。

C. 盲区：有些事情是我们不自知，但是别人却可以看得很清楚。而且，有些事情我们自以为表达得很清楚了，但别人却会以完全不同的方式来解读。在这个部分，意见回馈或许可以启发人心，但也可能造成伤害。

D. 封闭区：我们都有些层面是不自知，甚至也不为人所知的，我们复杂和多面的程度超过了自己的想象。我们的潜意识里，时不时会有一些不为人知的感受浮上心头——譬如在梦境之中。

选择一些你觉得对你描写得很贴切的形容词（有趣、不可靠，等等），然后让其他人，譬如朋友、同事，选择可以描述你的形容词，接着在适当的窗格中填入这些形容词。

请试着和你的伴侣一块做这个练习。你的伴侣有没有什么事情是你但愿自己从来不曾发现的？你又有什么层面是你但愿不自知的？

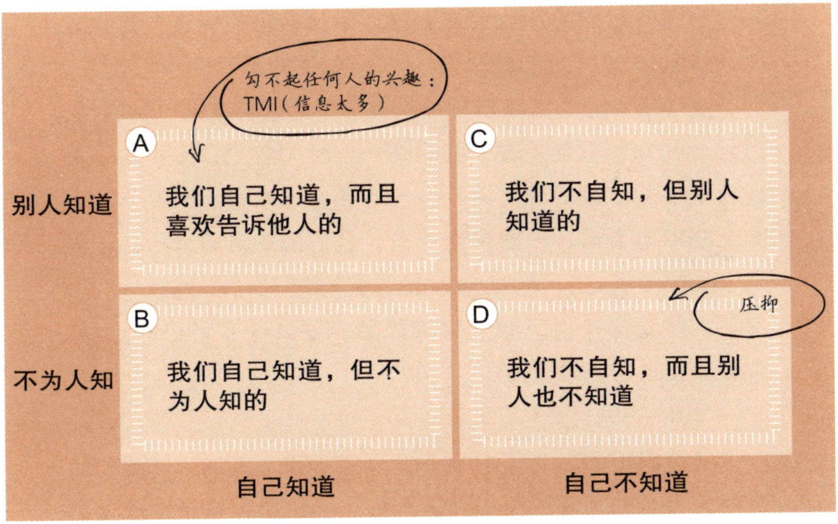

在别人眼里的你，别人知道但你不自知的是什么？乔哈里视窗提供的是个人意识的窗口。

为什么会撞了南墙仍不回头

认知失调理论模型

我们所想和所做的事情之间往往存有很大的差距：当我们做出自己明知不道德、错误或是愚蠢的事情时，会觉得良心不安，这就是心理学家利昂·费斯汀格所谓的“认知失调”。这个名词是形容当我们的行动违反本身信念时心中的状态，例如，即使我们谴责对孩童施以暴力，可自己却还是会打自己的孩子。

不过，我们为什么会这么难以承认自己的错误？当别人质问我们本身行为的缺失时，为什么我们不惜为自己辩护，而不是请求原谅？自我辩护是人类最不讨人喜欢的一种属性，这是一种保护机制，好让我们晚上还睡得着觉，心中也不会有自我怀疑。我们只会看到自己想要看的事情，只要是有违本身观点的事情，一律视而不见，我们要的是有助于自己站稳立场的论点。

到底怎样才能克服这样的矛盾？要么改变自己的行动，要么改变自己的想法。

大邦者下流，天下之牝，天下之交也。牝常以静胜牡，以静为下。故大邦以下小邦，则取小邦；小邦以下大邦，则取大邦。故或下以取，或下而取。大邦不过欲兼畜人，小邦不过欲入事人。夫两者各得所欲，大者宜为下。

——*老子*

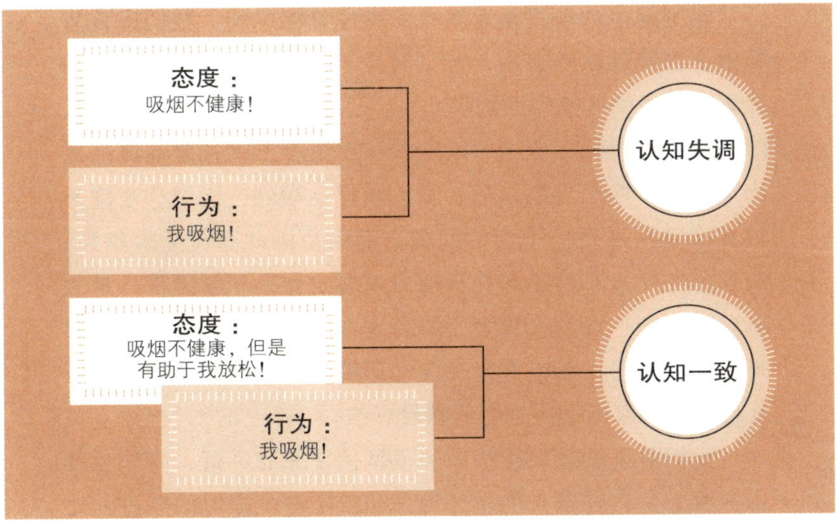

你上一次意识到自己认知失调是什么时候？你的伴侣则是什么时候有这样的意识？

什么让你深信不疑却无力证明

匪夷所思的模型

模型解说的是万事万物是怎样息息相关的，我们应该怎么做，以及什么是该做、什么又是不该做的，不过我们会因此看不清事情的真实面貌吗?

早在18世纪，亚当·斯密便已对过度沉迷抽象的体系提出了警告。两个世纪以后，爱因斯坦认识到，模型和逻辑系统其实到头来是信不信的问题，而他也因此获得诺贝尔奖。科学历史学家和哲学家托马斯·库恩主张，科学通常只是为求确认模型，而且在模型不符合现实时视而不见——往往都是如此。这番主张或许没有为他赢得诺贝尔奖，但最终还是让他争取到某所精英大学的教授职位。

我们对于阐述现实状态的模型往往深信不疑，库恩哲理中探索上帝存在与否的本体论证明就是一个很好的例子。他主张说，我们既然能想象自己跟上帝一样完美，那么上帝一定是存在的。我们盲目接受反映“现实”模型的例子在日常生活中历历可见：例如，若有人说人类充满了贪婪和自我，那么这种行为说不定会扩散到世界各地，而且人们会（不自觉地）模仿。

理想天国当然是存在的，问题在于：它离市中心有多远?它的营业时间有多长?

——伍迪·艾伦

➡另请参考：黑盒子模型（第120页）

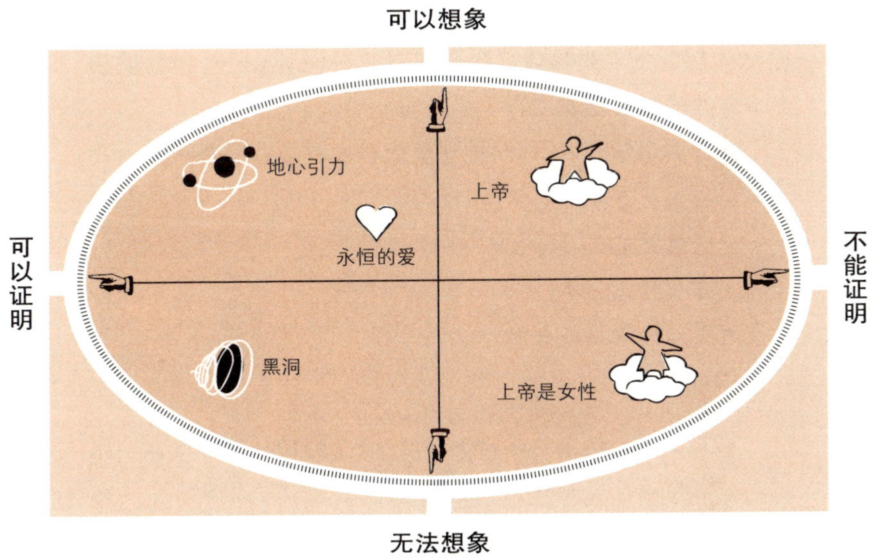

什么是你虽然不了解证据，却还是深信不疑的？什么是你虽然没有证据，却还是深信不疑的？

怎样全面了解自我

乌夫·艾尔拜克模型

如果你想对自己和对他人建立普遍的看法，那么丹麦文化部部长乌夫·艾尔拜克的公共意见指标便是一个很好的起点，这套模型会透露出行为的特质和倾向。

你应该记住，以下这4种观点绝对会对你造成影响：

- 你怎么看待自己
- 你想要怎么看待自己
- 他人怎么看你
- 他人想要怎么看你

接下来请这样做

- 不要多加思索，对以下问题从1分到10分进行评估：你合群的程度如何，你抱持个人主义的程度如何？你更注意内容还是形式？你更重视体力还是智力？你是否觉得自己更加全球化而不是本土化？请拿一支笔把这些线连起来。
- 现在拿另外一支彩色笔，根据你希望怎样看待自己标示上述这些问题的程度。
- 界定自己的轴线（富裕—贫穷，快乐—悲伤，外向—内向）。

请注意！你所描述的只是大概的情况，而且轴线的总和一定是10（你们不能本土化这一项标10分，全球化也标10分）。

什么事情让你受到牵制无法达成理想？

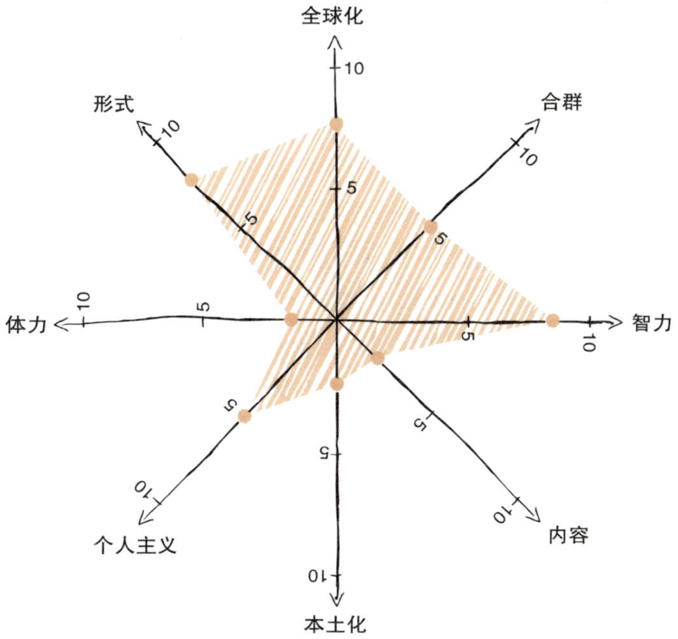

根据自己对自己的看法填写这个模型，接着请你的伴侣或好友为你填写，比较结果的异同。

你活在当下吗

能量模型

人们总是说，我们应该活在当下。可是要怎么做呢？瑞士作家帕斯卡·梅西耶这样写道："在深信掌握精华的信念之下，专注于此时此刻其实是错误的、没有意义的暴力行为。真正重要的是，在我们所处的内心时空之中，带着适度的幽默感和忧伤，笃定、冷静地悠游其中。"

这里有个非批判性的问题：你花多少时间思考过去，花多少时间思索此时此刻，以及在对未来的思考上花多少时间？换句话说，你多久思考（渴望地或是心怀感恩地）来时路？你多久感觉到自己确实专注于当下正在从事的事情上？你多久想象未来可能的景况，又多久对眼前的发展感到忧心？

下边显示的3个例子可以代表文化上的价值：在怀旧气氛的欧洲，以回忆为主导；在"机会之国"的美国，以梦想为主导；而在工业的亚洲，则以现实为主导。

你们无法改变过去，但是忧虑未来却可能毁了现在。

➡另请参考：十字路口模型（第080页）

回忆主导

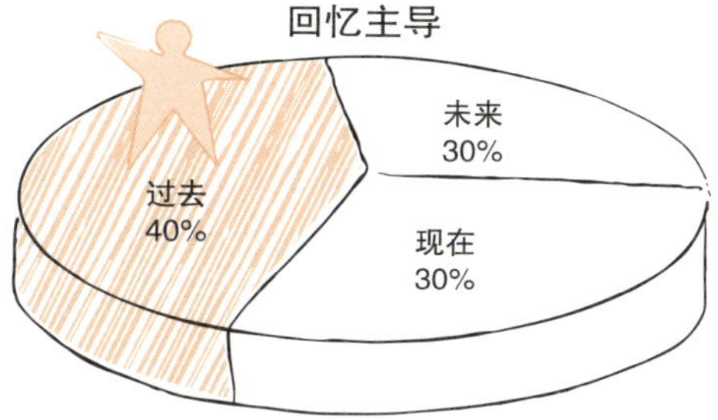

梦想主导

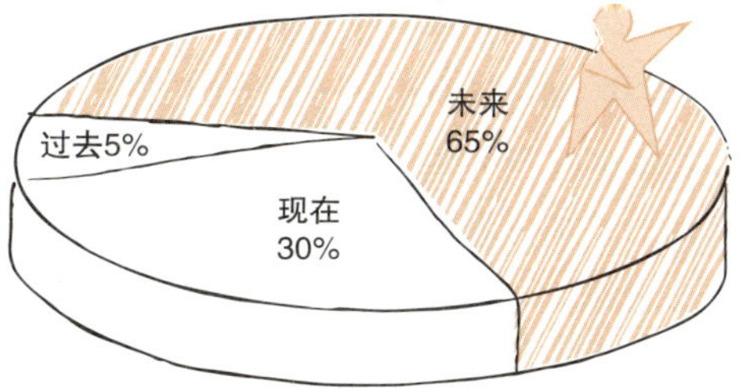

现实主导

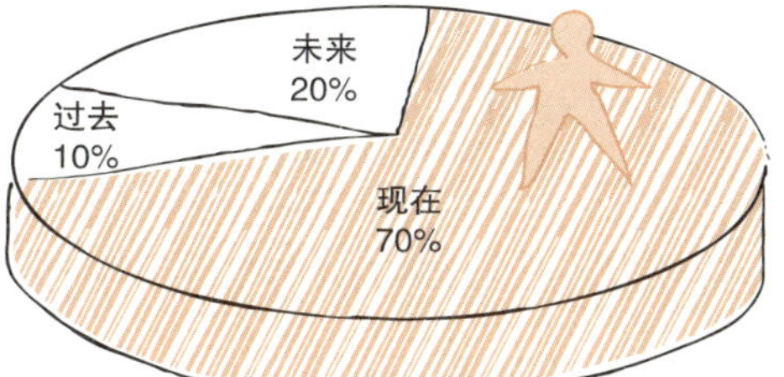

在图中填入你为思考过去、现在和未来花费的时间。

怎样做出政治决策（选择政党）

政治罗盘

“左派”和“右派”的概念在党派之争中正渐渐消失。绿党不断讨好基民盟，社民党从中翼滑向右派并失去了很多左派选民。政党的新定位和新构架在增加，这可能因为世界政治格局在不断变化，也可能因为要迎合选民的口味。尽管明显的政治界限正在渐渐模糊，但我们却得出了模式化定位选民意愿的指导方法，其中一个有名的方法被称为政治罗盘。以民意调查为基础，在中心模型中根据熟悉的“左派—右派”和“自由—独裁”来确定政策方向。重要的是，“左派—右派”轴与经济导向有关，左派代表国有化，右派代表私有化，“自由—独裁”轴与人权有关。自由意味着所有的权利都基于个人，独裁则意味着国家一直监督公民。

以下页的图（来源：politicalcompass.org）为例，你可以看到五位著名政治家的定位。可以自问一下：你的立场是怎样的？十年前又是怎样的？

战争不能决定谁正确，只能决定谁活下来。

——杰西·伍德罗·威尔逊·塞尔

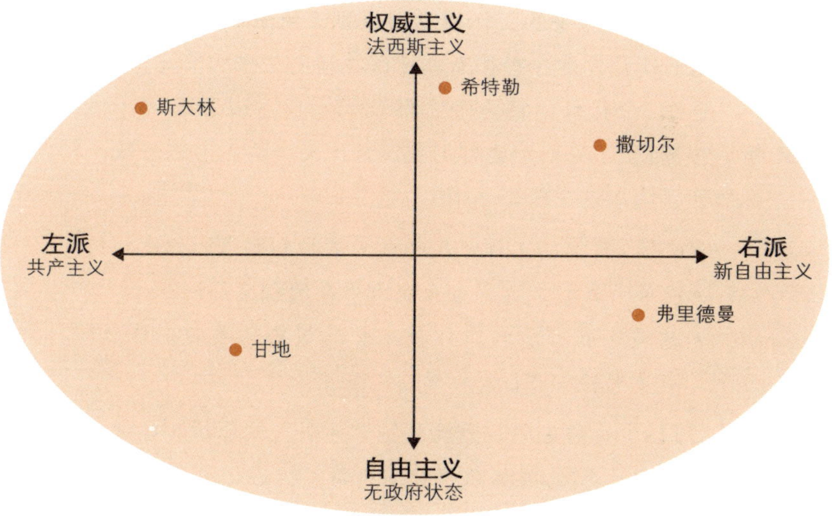

“左派”与“右派”不是指一般的政治倾向，而是完全基于经济是国有化还是私有化。

怎样知道自己是否应该换工作

个人表现模型

许多人对自身的工作都觉得不满，可是对工作不满的情绪要怎么衡量？这个模型有助于评估自身工作的情况。

连续3个礼拜，每天晚上都要问问自己以下这3个问题，然后根据1分（完全不适用）到10分（完全适用）的分数，将你的回答填入这个模型之中：

- 必须：目前的工作对我造成的负担和要求的程度如何？
- 能够：我的工作和自身能力吻合的程度如何？
- 想要：我目前的工作和我真正想要从事的工作之间，有多大的相关性？

经过3个礼拜之后，分析各种“风帆”的形状。如果“风帆”在移动，那么表示你的工作具有多样性。如果风帆形状总是一样，那么请问问自己以下这些问题：

你想要什么？
你能从事想要的工作吗？
你能做些什么？
你想要自己能够胜任的工作吗？

如果有什么是你无法做到的，那就应该努力培养这样的能力。

➡另请参考：橡皮筋模型（第028页）、沉浸模型（第056页）

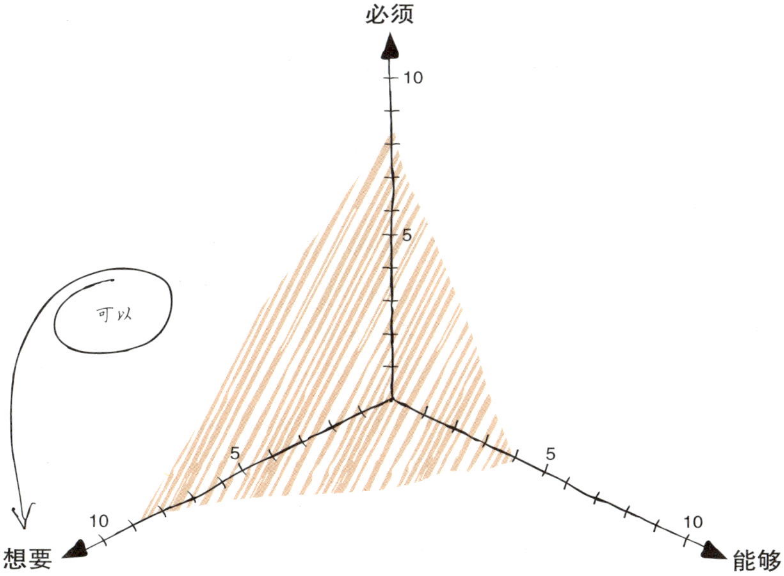

你目前的工作对你造成多大的负担？这些工作跟你的能力吻合程度如何？
它跟你想要的工作有多大的关联性？

怎样利用过去掌握未来

鉴往知来模型

说到策略性的决定，我们的焦点通常是放在未来，我们的梦想着眼于未来，而我们的希望则是实现这些梦想。

这是为什么呢？或许是因为我们希望可以掌握自己的未来。不过，我们往往忘记，每个未来都有过去，而我们的过去则是未来赖以维系的基石。

所以重点不在于“如何想象自己的未来”这个问题，而在于“如何才能为过去（例如项目）和未来建立联系，搭起一座桥”。这个模型是受到葛洛夫咨询公司的视觉规划系统启发而创造的，有助于各位想出与过去相关的地方，发掘哪些事情是可以忘怀的，哪些事情是应该从过去引入未来的。

怎样做呢？首先你要界定一个时间的框架——也就是说，去年、就学期间、你的婚姻，或是从公司成立开始至今，并且回想这段时间刚开始的时候，可以自己一人或是在团体之中进行，接着加入以下这些时间线：

- 相关人物
- 你的目标（在那时）
- 成功之处
- 你克服的障碍
- 你学到的事物

填完这个模型之后，你会发现过去的重要性。

回忆是我们唯一不容指使的天堂。

——让·保罗

你的目标
（在那时）

你学到的事物

障碍
（你克服的阻碍）

成功之处

相关人物

选择一个时间框架，并回答以下问题：你那时候的目标是什么？你学到了什么？你克服了什么障碍？你的成功之处是什么？哪些人扮演了重要的角色？

为什么心中不抱任何期望会更好

个人潜力陷阱

“这么前途无量的孩子”——任何人只要听过别人给他们这样的评语，已经可以猜到在个人潜力陷阱的背后蕴藏着什么：为了实现这样的前景而努力的一生。

对于有才华的人而言，这是个诅咒。人们会这么说：“他只需要知道自己真正想要什么。”人们会对这些人的缺点视而不见，并对他们轻而易举的成功大加赞叹。才华和魅力这样充满吸引力的组合让他们占尽便宜，但也是致命的。其他天资没有那么聪颖的人已经开始打拼，那么这些先天聪颖的人就得靠边站，因为以前用仰慕眼光看待他们的人终将迎头赶上。

个人潜力陷阱可用这个模型精确地追踪，在这个模型中有3条曲线：

- 我对自己的期望
- 其他人对我的期望
- 我实际的成就

当别人对你的期望以及你实际的成就之间出现过大的歧异时，便可以看出这个陷阱。一般来说，有才华的人会悠游其间，直到遭逢危机点为止。比较保险的做法是，承诺8成，然后做到120%。

你准备好了吗?
对自己的期望别像别人对你的期望那么高。

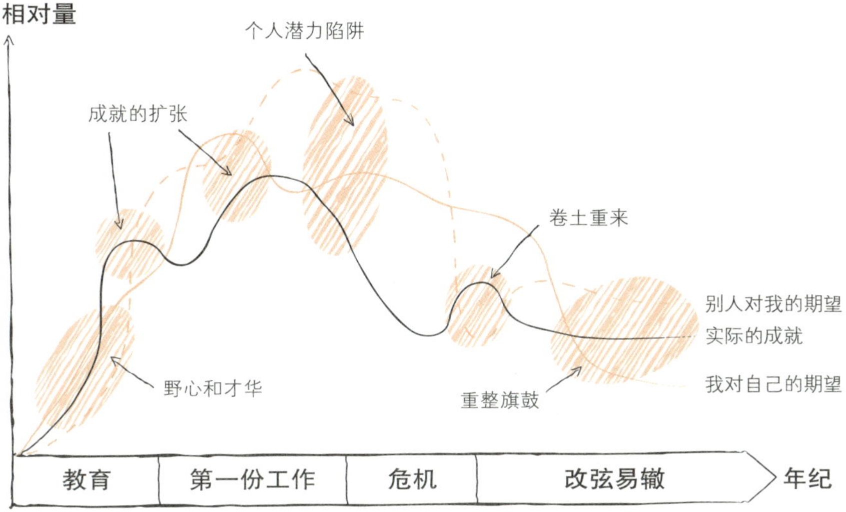

这个模型显示了3条曲线：我对自己的期望、别人对我的期望以及实际的成就，如果这3条曲线交会的部分过多，你将会陷入“个人潜力陷阱”。

怎样做出正确的选择

选择困难模型

严格来说，做决定有两个变量参数："不同选项的可比性有多高？"和"决定产生的后果有多严重？"

一个坐标系会被划分为四个区域：

1. 可比性高，后果影响小：一个选项明显优于其他选项，即便决策有误，后果也不严重。比如，两个相似的产品，其中一个性价比稍高一点儿。

2. 可比性差，后果影响小：是去参加聚会还是早点休息？一个选项从某个角度来说更好，另一个选项从另一个角度来说也不错，这二者没有可比性，导致人难以做出决定，哪怕要做出的不是重大的决定。

3. 可比性高，后果影响大：如果只能用一场手术来挽救生命，虽然这是一个重大决定，但是很容易做出来，因为没有别的选择。

4. 可比性差，后果影响大：像组建家庭、换工作这类"困难选择"实际上是没有真正意义上的正确选择的。就像哲学家张美露所说，跟所有决定一样，到最后关头任何决定都很重要，都是通过主观意识做出的，理智在这个时候起不到任何作用。

有疑问的时候，不要从外部寻找原因，要从内部寻找原因。

——张美露

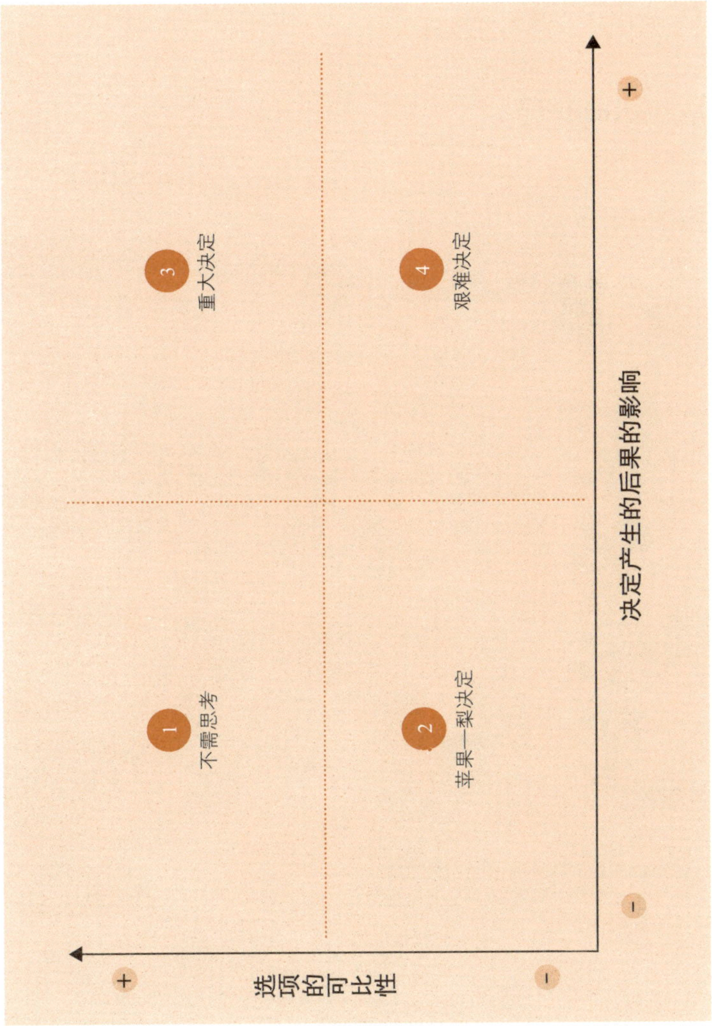
决定产生的后果的影响
选项的可比性
+
−
+
−
1
不需思考
2
苹果—梨决定
3
重大决定
4
艰难决定

思考时容易犯的错误

认知扭曲原理

	锚定效应	验证偏见
假想	在做决定之前我们要回顾所有要素。	做决定前我们客观地评估了情况。
现实	我们总是最相信第一次接收的信息：对一个人的评价会烙上第一次听闻此人信息的印记，第一次的报价是后续谈判的起点。所以有一句名言："你只有一次得到第一印象的机会。"第一印象有一种难以置信的说服力，总让人不断回顾。	我们总是带着已经形成的假设和想去解读信息。或者刚好相反：屏蔽自己的观点相左的信息，没有人会查找反对意见。
解决方案	不要回想你的第一印象。	假定你是错的。

认知扭曲是人们做判断时通常会犯的一种错误，它影响我们的决定，而且所有人都会无意识地犯这种错。这种扭曲是无法解除的，但人们可以锐化自己的思想，来尽量降低这种扭曲带来的危害。

可用性偏见	快慢偏差
敀出的决定都是有理有据的。	相信凭直觉可以做出正确决策。
正过程都是以自我为中心的。开着 lf车出过车祸的人，就会认为大众 车都不好。如果你曾经有过一个波 的帅哥朋友，就会认为所有波兰人 艮漂亮。	尽管冲动做出的决定可能会很明智（见第048页“无意识思考理论”），但你并不会总是这么幸运。丹尼尔·卡尼曼认为我们所做的决定来自两种系统：一种是凭直觉迅速地做出决定，另一种是小心翼翼地慢慢决定。比如，一杯咖啡和一块小点心一共1.10欧元，咖啡比点心贵1欧元，点心是多少钱？大多数人会很快回答：10分钱。这是通过第一种系统得出的答案。如果仔细地思考一下，也就是用第二种方式思考这个问题，你就会得出正确答案：这块点心是5分钱。
卒“名人录”。	邮件发出之前再通读一遍。

今日处境究竟来源何处

十字路口模型

我们在人生当中都曾经站在十字路口，问自己现在该何去何从？十字路口模型的灵感来自于旧金山葛洛夫咨询公司开发的“个人罗盘”，可协助各位理清人生的方向。请根据以下问题填写这个模型的空格：

你的来时路是什么？

你怎样来到现在的处境？你的人生当中曾经面临什么重要的抉择、事件和阻碍？你主要是受谁的影响？想一想你所受的教育、家庭、生长的地方，并将你觉得重要的关键词记录下来。

什么事情对你而言是真正重要的？

将脑海中最先浮现的3件事情写下来，记录不用详细具体。你具有什么样的价值观？你相信什么？你重视哪些原则？当一切都分崩离析时，剩下来的是什么？

哪些人对你很重要？

在此你要想的是：自己重视哪些人的意见？你的决定受到谁的影响，它又会影响到谁？也要想想你喜欢和惧怕的人。

哪些事情在阻挠你？

你的人生当中，哪些层面让你无法思考真正重要的事情？

你的脑海当中有哪些该在时限之前完成的事情？哪些阻碍让你裹足不前？你得做些什么？什么时候开始行动？

你在害怕什么？

请列举让你担忧和泄气的事情、情况或是人物。

看看你的记录，漏掉了些什么？浮现了哪些议题？你写下来的关键词是否透露今日处境的来时路？如果必要的话，请写下更多的关键词和问题。现在看看眼前的路，请想想以下这6个例子：

- 在前方召唤的道路：你一直想要尝试什么。
- 你最狂野的梦想是什么，无论是否能够实现？
- 对我而言似乎最有道理的道路，那些我重视他们意见的人物会建议我走这条路。
- 一条前人不曾走过的路，一条你以往从来不曾考虑过的路。
- 一条我已经走过的路。
- 一条回头路，回到你觉得安心的地方。

一切，由你来决定。

你上一次去做从来不曾做过的事情是什么时候？

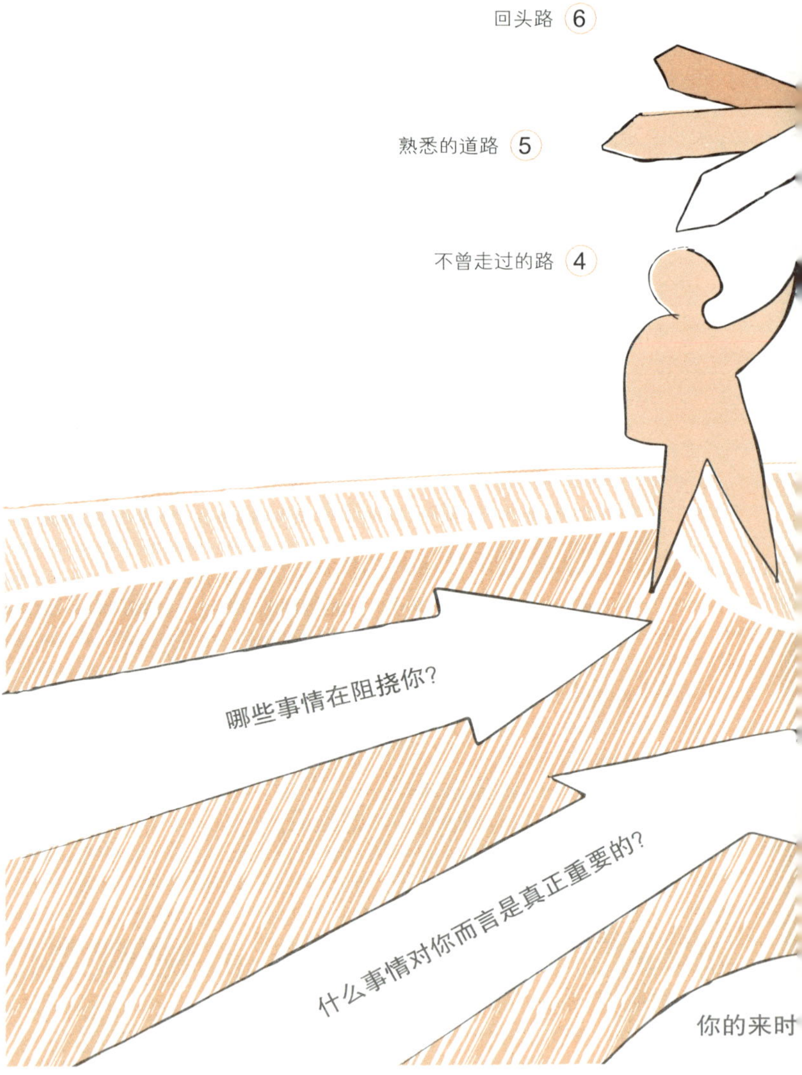

请自行回答这些问题，或是和一位好朋友一起做，然后想一想自己可能选择的道路。

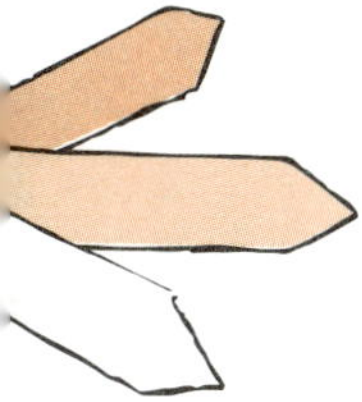

1 在前方召唤你的道路

2 梦想的道路

3 理所当然的道路

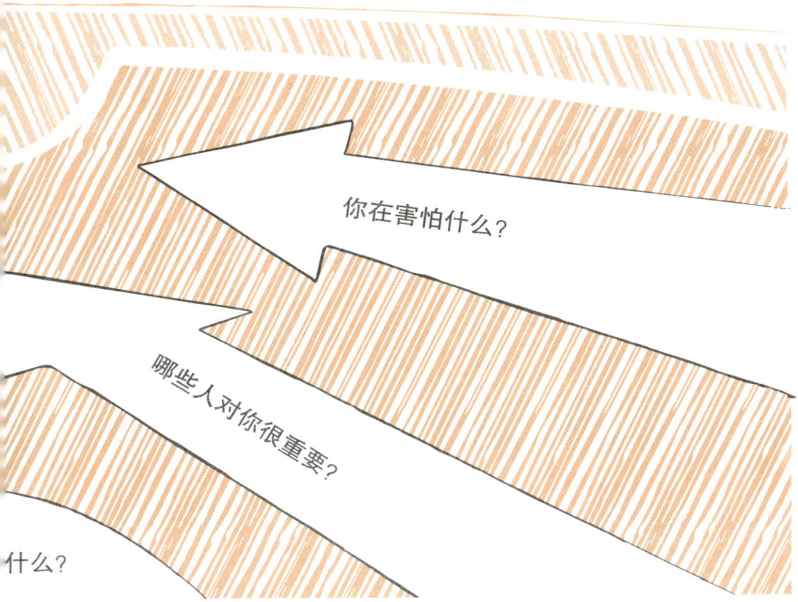

如何更加
了解他人

怎样可以更好地评估风险

拉姆斯菲尔德矩阵

一次有价值的风险分析一般都来源于若干次的错误评估，这种说法与乔治·W. 布什时期的美国国防部部长唐纳德·拉姆斯菲尔德有关。2002年2月的一次新闻发布会上，拉姆斯菲尔德使用这个模型回答了记者关于“伊拉克是否在支持恐怖分子”的提问。

他提到了两个关键词：

1. 已知（我们知道的事情）。

2. 未知（我们不知道的事情）。

这两个参数产生了四个风险方阵：

1. 已知的已知：有些事，我们知道我们已知，这种风险是我们已知而且可以采取措施进行防范的。比如，怕被偷的人会锁好自己的自行车。

2. 已知的未知：有些事，我们知道我们未知。我们知道有这种风险，但无法计算风险值。比如，人们都知道股市会涨也会跌，但没有人能精准预告时机和跌幅。

3. 未知的已知：有些事，我们不知道我们已知。比如，从某种程度上讲，人类所了解的学问比自身认为的多。这部分学问就是我们向来挂在嘴边的潜意识、内在的声音和直觉。对做决策来说，重点在于我们更倾向于原谅错误的决定，而不会原谅做出这个决定的漫长过程。还有一种有趣的说法：

我们会原谅肚子（直觉），而不会原谅脑袋（思考）。

4. 未知的未知：有些事，我们不知道我们未知，这是一类我们不能预估的风险，因为我们不知道它会发生。比如，1941年美国珍珠港军事基地遭到日本神风特工队的攻击，美国并不能对此进行防范，因为其压根没想到会发生这种事情。拉姆斯菲尔德认为，伊拉克的情况就属于这种“不可预估”的风险。

从这个模型中你可以了解到什么？我们不认为拉姆斯菲尔德是一位风险分析专家，但他的结论却值得深思：遭遇到预料之外的灾难就是缺乏想象力的表现。

当我们自认为已经洞若观火时，风险依然存在。

“未知的未知”（第4区域）：日本偷袭珍珠港是个意外事件，美方根本想不到，因为它是不可预测的。

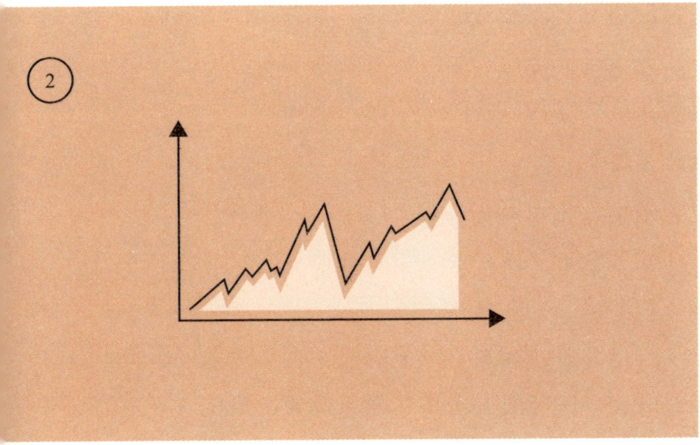

未知

错误是怎样发生的

瑞士奶酪理论

犯错是人之常情，有些人会从错误中吸取教训，有些人则会重蹈覆辙。以下是各位对错误需要具备的了解。

错误可以分为几种：

- 直接的错误——执行错误的流程时所发生的错误。
- 中断——忘记部分流程时所发生的错误。
- 疏失——虽然流程正确无误，但是执行不当的话，就会犯这种错误。

错误的发生可以分为几个层次：

- 源自技能的层次。
- 源自规则的层次。
- 源自知识的层次。

造成错误发生的因素也可分为几种：

- 跟人有关的——上司、团队、同事、朋友。
- 技术支持——设备、工作场所。
- 组织要素——要完成的任务、时机。
- 外界的影响因子——时间、经济气候、情绪、天气。

詹姆斯·瑞森以人为疏失，或称为瑞士奶酪理论模型（1990年），对错误起因和影响的说明最叫人印象深刻。这个模型以瑞士艾蒙达奶酪来比喻错误发生的层次，一个完全没有错误的世界，就好像没有洞的奶酪一样。可在真实的世界里，奶酪会被切成薄片，每一片薄片的各处都有许多洞，这些洞可以想象为错误发生的管道。所犯的错误如果只穿透一层，就不会被注意到或是造成什么影响，可是如果这个错误造成的洞穿透多层的防卫机制，就会造成大灾难。这个模型适用于所有会因为错误造成致命后果的领域，例如，医药和空中交通。

“经验”是每个人为自身错误所赋予的称谓。

——奥斯卡·王尔德

➡另请参考：结果最适化模型（第 138 页）

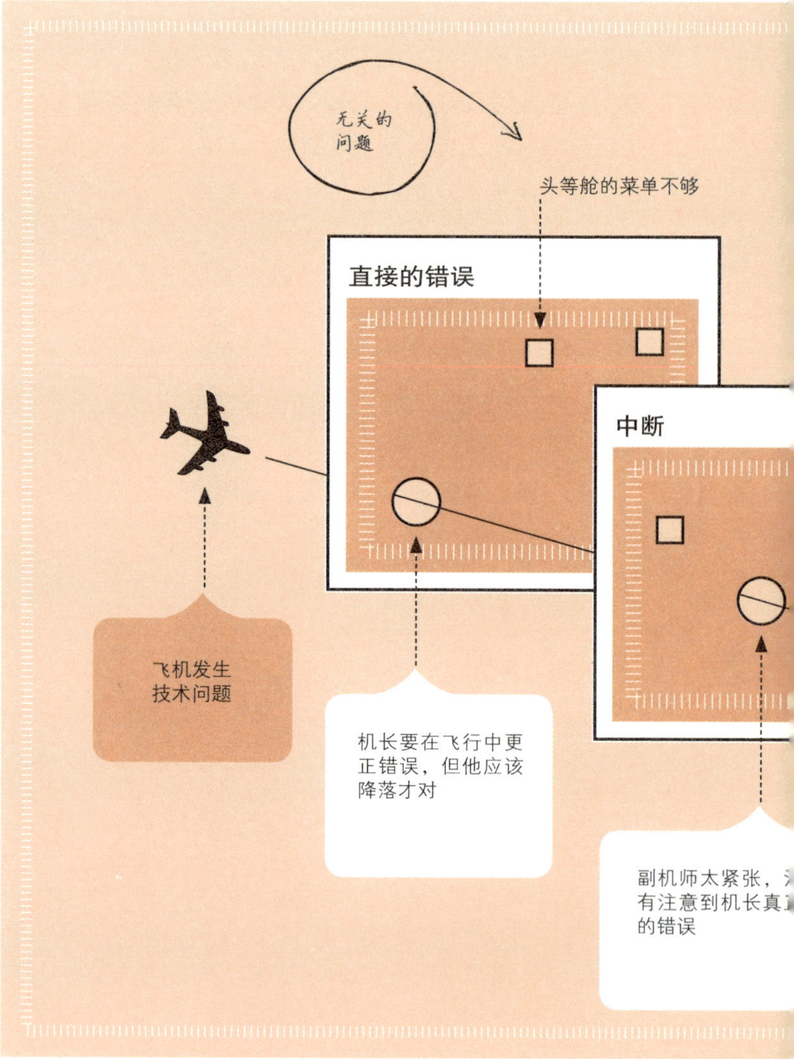

这个插图显示的情形是，当3个层次都发生错误，且在“奶酪”上穿透3层洞时的情形：（1）机长犯了个错误。（2）副机师反应错误。（3）在试图更正错误的时候，又犯了另外一个错误。

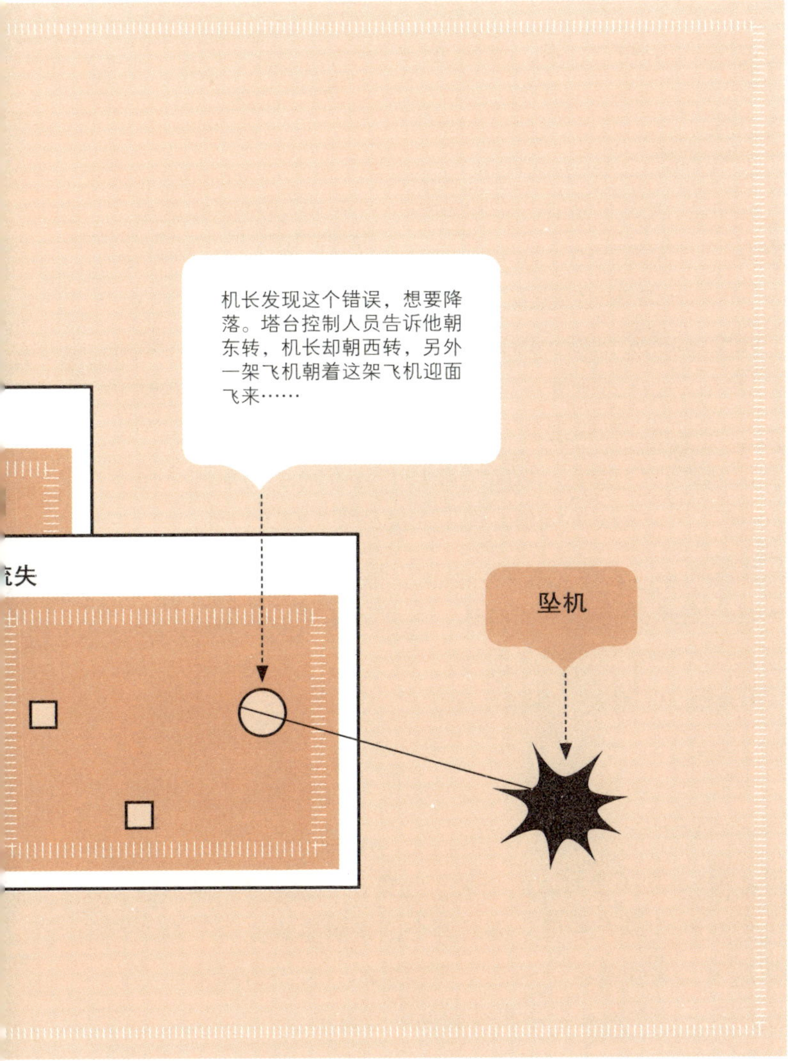
机长发现这个错误，想要降落。塔台控制人员告诉他朝东转，机长却朝西转，另外一架飞机朝着这架飞机迎面飞来……
失
坠机

你需要的和想要的一致吗

马斯洛金字塔

2003年的德国电影Hierankl开场白这样说："3个最重要的问题是……你还有性生活吗？你成家了吗？你是知识分子吗？如果3题的答案都是yes，那你过的可是天堂般的生活；如果有两个yes，那么表示你具备了快乐的要件，一个yes则表示这是你赖以生存的所需。"这是部烂片儿，但提出的问题却很好。

心理学家亚伯拉罕·马斯洛在1943年发表了需求金字塔（即人类需求层次理论）模型，他把人类的需求分为几种：

- 生理需求（食物、睡眠、温暖、性）。
- 安全需求（有地方可以住、工作的保障、健康、不受敌人侵扰）。
- 社会需求（朋友、伴侣、爱）。
- 尊重需求（地位、权力、金钱）。
- 自我实现的需求（个性化、实现个人的潜能、追求信心和超越）。

最前面3个是人类基本的需求，如果这些需求得到满足的话，人们就不会再去多想。最后两个则是渴望或是对于个人成长的需求，这些需求是永远无法满足的。我们的渴望和需求相较之下，这个需求金字塔模型便很有意思。

根据西方世界的经验法则：我们最渴望的东西其实是我们最不需要的东西。

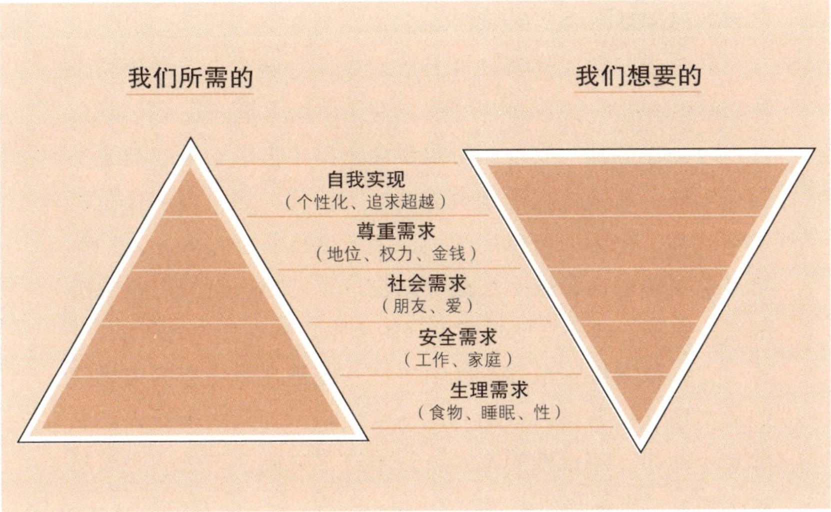

建立自己个人的基本需求金字塔：你拥有什么？你想要什么？

你属于哪个社会族群

社会氛围和布尔迪厄模型

社会氛围是一种心理变量法，为人们建立所属的社会文化族群。这个模型通常用于营销，以界定目标族群之用，是由法国社会学家埃米尔·涂尔干所建立的。接下来介绍的版本则较少人运用，这是由另外一位法国社会学家皮埃尔·布尔迪厄建立的轴线模型，布尔迪厄对于文化消费的分析挑战了我们根深蒂固的文化偏好和行为。

社会族群常因其狭隘性而遭到批评。确实，这种模型无法回答这样的问题："如果我的父亲是巴士司机，母亲是嬉皮，我是时尚设计师，有空的时候我会跟高尔夫球俱乐部的朋友混在一块，那我是属于哪个族群？"然而，这个模型之所以受到欢迎，是因为可以用闭锁原则来进行解释：如果我们熟悉某件事情的话，就不会想要改变这个习惯，就算有机会接触新的事物，或是其他可能更好的事物，都不会为之所动。

社会氛围模型虽然有其局限性，但是几乎所有的市场研究和市场分析都可以采用。这一点显示，如果大多数人都熟悉某个体系，那么别的系统就很难打下基础，习惯的力量超越了想要追求进步的渴望。

我们的未来取决于我们来自于哪里。

——马丁·海德格

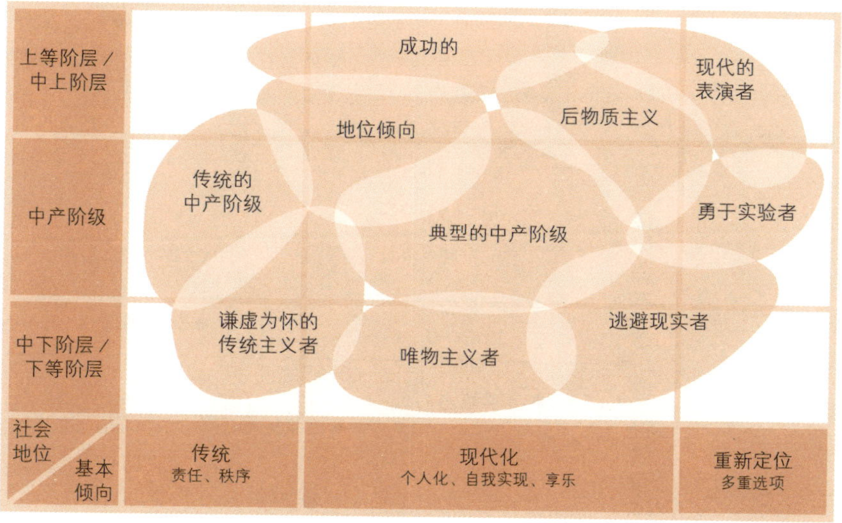

你怎样定位自己？你怎样定位自己的父母？你希望别人怎样定位你？

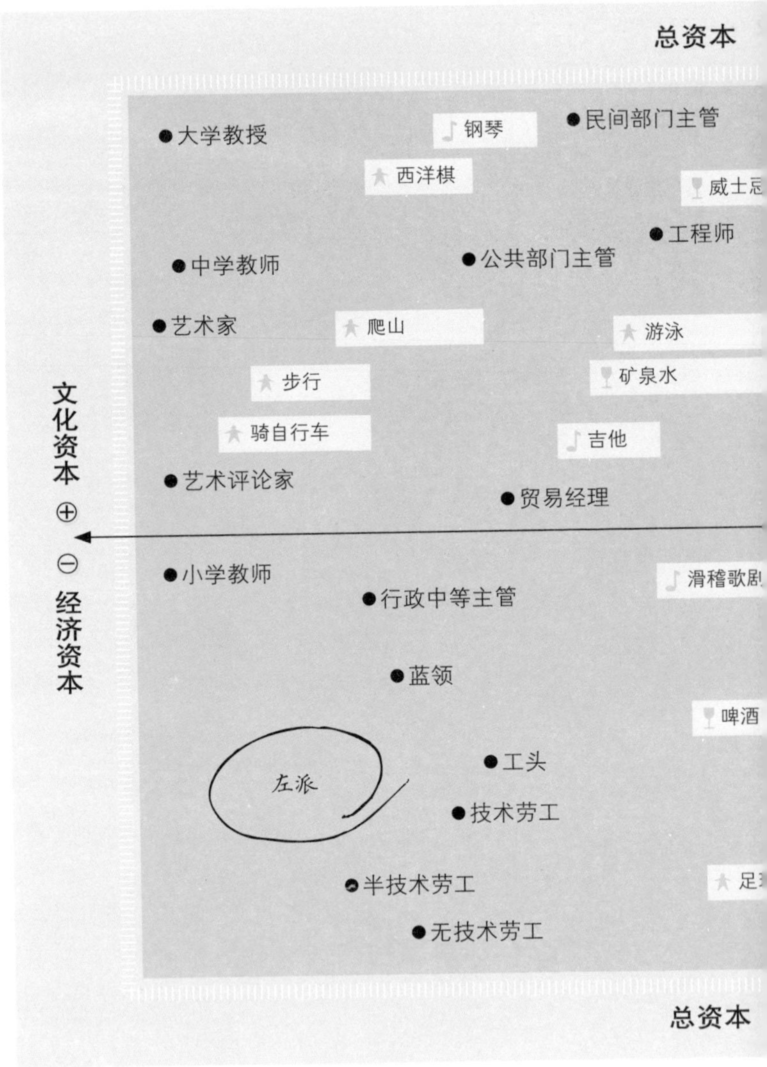

布尔迪厄模型：你怎样定位自己？你怎样设定父母的定位？
你希望别人怎样定位你？

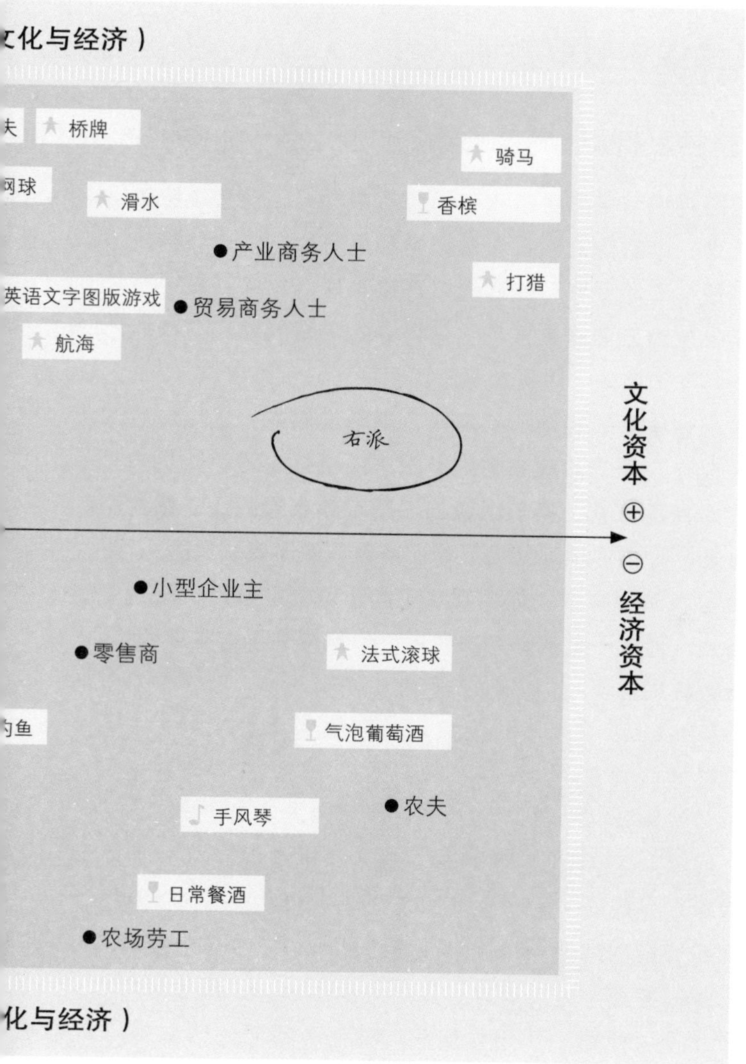
文化与经济）
夫
桥牌
骑马
网球
滑水
香槟
产业商务人士
英语文字图版游戏
贸易商务人士
打猎
航海
右派
文化资本
⊕
⊖
经济资本
小型企业主
零售商
法式滚球
鱼
气泡葡萄酒
手风琴
农夫
日常餐酒
农场劳工
化与经济）

怎样从错误中吸取教训

双重回路学习模型

双重回路学习指的是自我省思和从中学习，这个理论源自于体系理论学家汉兹·冯·福斯特和尼可拉斯·卢曼的研究，尤其是“二阶观察”的理念。严格来说，这并不是一个模型，而是成为万事通的技巧。这样令人渴望的技巧怎样才能精通？答案很简单：你要学习怎样观察一阶观察者。

一阶观察者看的是眼前的事物，对他们而言，这个世界纯粹就是存在。而二阶观察者则是把一阶观察者眼中所见归因于他们看待的方式，换句话说，二阶观察者看的是观察的方式。比如，如果你批评某个足球比赛裁判做出错误的判决，那么你就是二阶观察者：你的观点不同于裁判的观点，因为你置身场外，而且不是实际判决的人，你觉得基于这些原因，你的判断会更加合理。

在观察的过程中，一阶观察者并不知道本身观察的方式——这是他们的盲点。如果认识到这个盲点，二阶观察者就能成为“万事通”。他们可以告诉一阶观察者，可以用不同的方式来观察，并进而以不同的方式来看待事情。

心理学家克里斯·阿吉里斯以及哲学家唐纳德·舍恩根据这些关于观察的理论，建立了双重回路学习。在最理想的情况下，单一回路（一阶观察）是最好的做法。运作顺利的事物不会改变，只是一再重复而已。而在最糟糕的情况下，同样的错误则会一再重蹈，这或许是因为人们只是解决问题，却没有先质疑为什么会犯下这个错误。

在双重回路学习中，你会思考自己在解决什么问题，并且试图打破本身的模式，不是单纯换个解决的方式，而是会思考为什么你会用这种方法来做。在你的行动背后，有什么样的目的和价值观？如果你对这些都很清楚，或许便能加以改变。

双重回路本身的问题在于，我们要去做的事情（信奉理论）和实际去做的事情（使用理论）之间有所差异。如果我们真的要改变某件事情，那么光是对员工或是自己下达指令或是给予指导是不够的，这样做只会让我们收到指令（信奉理论）。唯有在我们重新评估本身根深蒂固的原因、目标和价值观时，才能做出真正的改变，这就是影响使用理论的力量。

亲力亲为实现自己想要见到的改变。

➡另请参考：黑盒子模型（第 120 页）

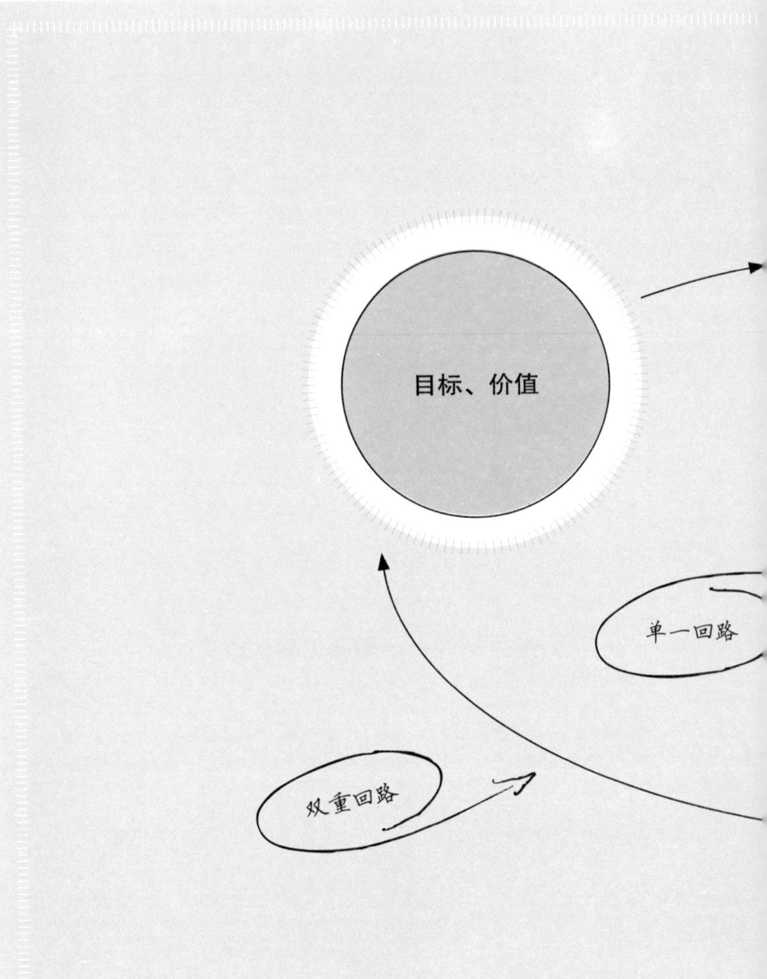

你上一次突破生活中熟悉的模式，确实用不同的方式来做事情是什么时候？你想要突破什么模式？什么因素让你难以突破？

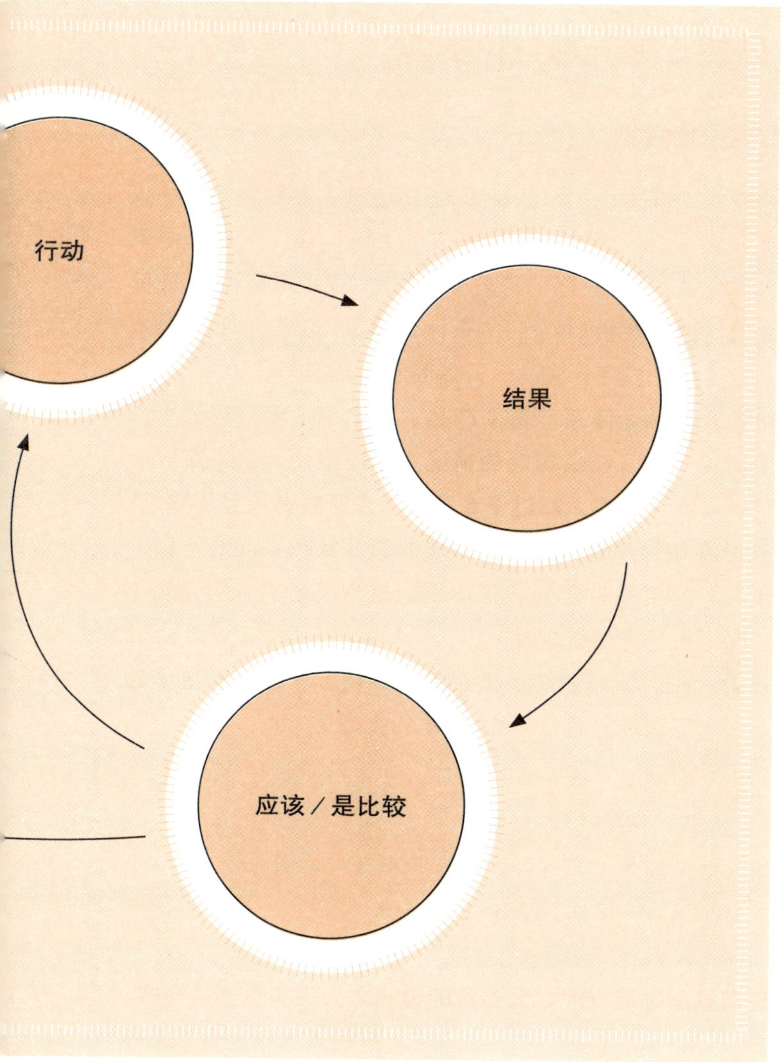
行动
结果
应该／是比较

他 / 她属于哪一种讨论类型

肯定式探询模型

AI是肯定式探询（Appreciative Inquiry）的缩写，这是美国管理专家大卫・库柏里德所开发的方法，焦点放在公司或是个人本身的长处、正面的特质和潜力上，而不是弱点上。“目前什么进行得很顺利”取代了“有什么问题”这样典型的问题，如果一味专注于弱点，会从一开始就营造出负面印象。

每个人、每个体系、每个产品、每个点子难免都会有瑕疵。了解这一点，在最理想的情况下可以促使人们下定决心追求完美。不过许多人都过于专注某个点子或是项目的缺点，以至于难以开创开放和正向的做法，而开放和正向对于良好的工作方式是至关重要的。基本原则是持续开发未臻完善的点子，而不是一开始就放弃。

人们讨论的方式通常会透露出其性格，根据人们对于意见的反应，可以将其区分为4类基本的类型：

- 吹毛求疵型：这个点子很好，可是……
- 独裁型：不行！
- 学校老师型：不行，这个点子不够好，因为……
- AI思维者：是的，我们可以……

任何蠢蛋都能批评，大多数的愚昧之人确实也都这样做。

——班杰明・富兰克林

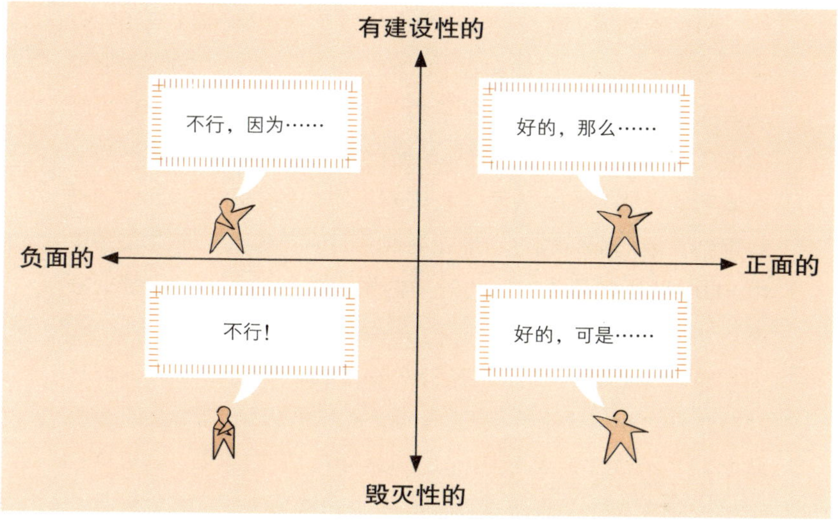

下一次你参与团体讨论的时候，记录每一个人提出主张的方式。

为什么投入20%却能缔造80%的产出

帕累托法则

20世纪初叶，意大利经济学家维尔弗雷多·帕累托观察到，意大利80%的财富都掌握在20%的人手中。而且，20%的劳工从事80%的工作，20%的罪犯犯下80%的犯罪行为，20%的驾驶造成80%的交通事故，20%的避险基金投资80%的资金，20%上酒吧的人喝掉80%的酒。我们衣柜里头的衣服只有20%会被利用到，我们80%的时间是花在20%的朋友身上。企业在会议中，80%的决定是在20%的时间内做出的，企业80%的营业额来自20%的客户（产品）。

当然，帕累托法则不是什么都能套用的（数学家偏好比较精确的“64/4法则”，因为80%的80%是64%，而20%的20%是4%）。不过任何希望时间规划达到最适化的人，都应该知道他们花在某个工作上大约20%的时间就会带来80%的成果。

简洁尤难。

➡另请参考：长尾模型（第108页）

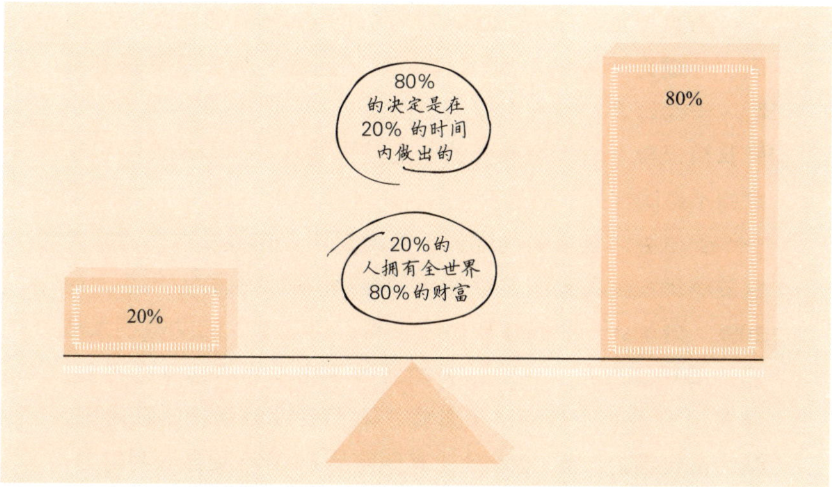

帕累托法则描述的是高价值的小族群对整体的贡献超过低价值的大族群。

网络怎样扭转了经济

长尾模型

帕累托法则——“20%的产品创造80%的营业额”的理念——或许不是绝对的。2004年，《连线》杂志总编辑克里斯·安德森宣称，在互联网上贩卖的物品几乎都能卖掉——就算再怪异、再没有必要的商品照样有人要，看来会吸引生意的不是同构型，而是变化。

安德森以需求曲线阐释了他的想法。在最左端，需求虚线陡峭地向上，这里是最畅销和最热门的商品，占市场上的20%，接着这个曲线缓和向右下滑，这里是我们觉得不太热门的书籍和影片。这个部分的曲线要比高峰的部分宽得多，涵盖了更多的商品。出于直觉，人们会以帕累托法则为例，认为最畅销的产品（20%）比其他商品（80%）更具获利能力，可是试验数据表明其实并非如此：长尾（诚如安德森所称）创造的营业额其实超越了少数几个畅销品。

简由繁生。

➡另请参考：帕累托法则（第106页）

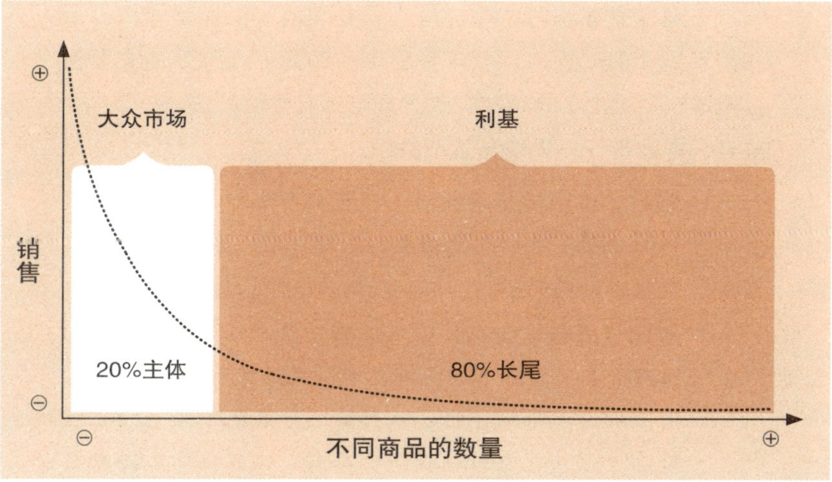

大众市场需要畅销商品，但是也有利基商品的需求。个别需求或许低，但是整体而言，利基商品的价值超过畅销品。

怎样才能漂亮地化解冲突

化解冲突模型

心理学家都认同，冲突是必须处理的，以避免僵持不下和相互指责的局面，以及恢复稳定和沟通。问题是冲突要怎么处理？原则上，处理冲突的方式可以分为6种：逃避、对抗、放弃、推卸责任、妥协与达成共识。

1. **逃避**：逃避跟推诿相同，冲突没有化解，结果还是同样的局面。可以想见的是，这对任何一方都没有好处，是双输的局面。
2. **对抗**：有些人会以具攻击性的态度来处理冲突，他们只有一个目标，那就是赢。不过光是胜利本身还不够，因为别人也得输才行。这种处理方式的重点在于征服对手，以及在面对抵抗的力量时，依然坚守本身的立场，这种处理方式的结果是我赢你输的局面。
3. **放弃**：面对冲突的时候会弃守本身立场的人，是通过撤退来解决问题的，也就是选择自己输，结果造成我输你赢的局面。
4. **推卸责任**：有些人面对冲突会觉得不知所措，通常会把决定权以及随之而来的冲突拱手让给另外一个权威人士（通常更具权力）来处理。这些权威人士固然帮他们化解了冲突，但是处理的手法未必高明，也未必最符合托付者的利益，这可能会造成冲突双输的风险。

5. **妥协**：这取决于你怎么看，妥协是双方都能接受的解决方案。一般认为，这个解决方案就算不尽理想，在我赢你输与我输你赢的情况下还算合理。

6. **达成共识**：双方基于共同拟定的新的解决方案达成共识。相对于妥协，这是双赢的局面，因为没有任何一方需要退让，而是双方共同拟定第三个方案。

失败并非来自于挫败，而是肇因于没有参与的冲突。

——瑞士伯恩某青少年中心墙上的涂鸦

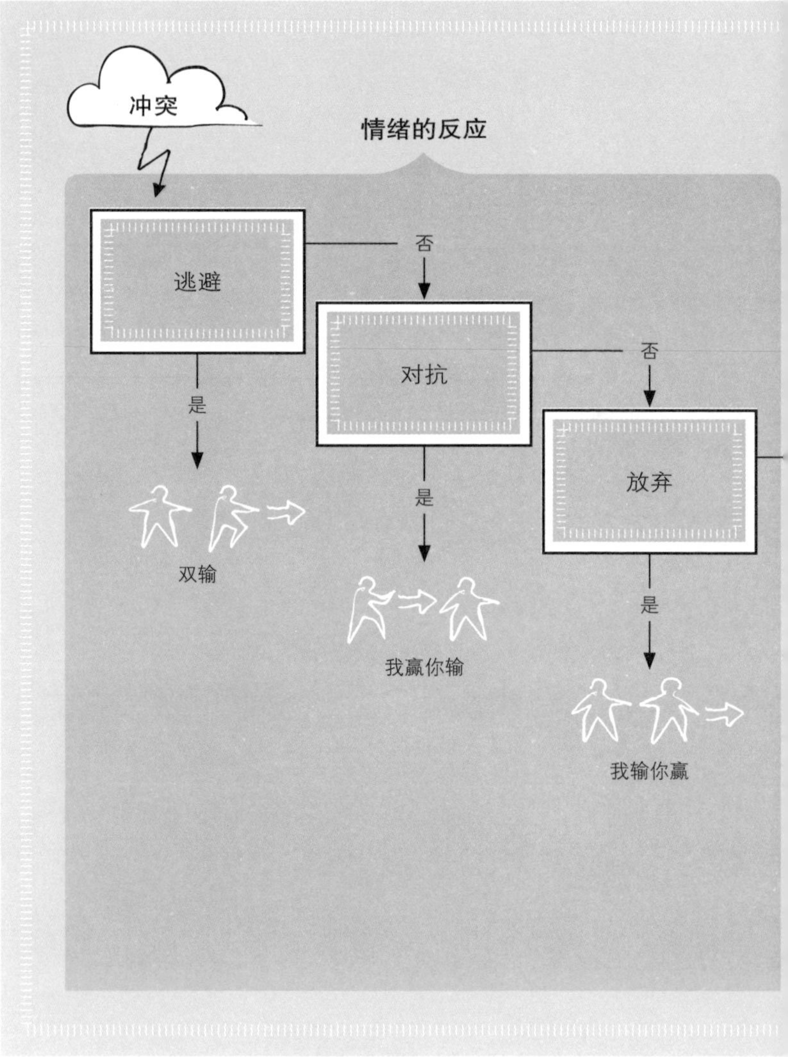

这个模型显示对于冲突的6种典型反应，你属于哪一种？你的对手又是哪一种？

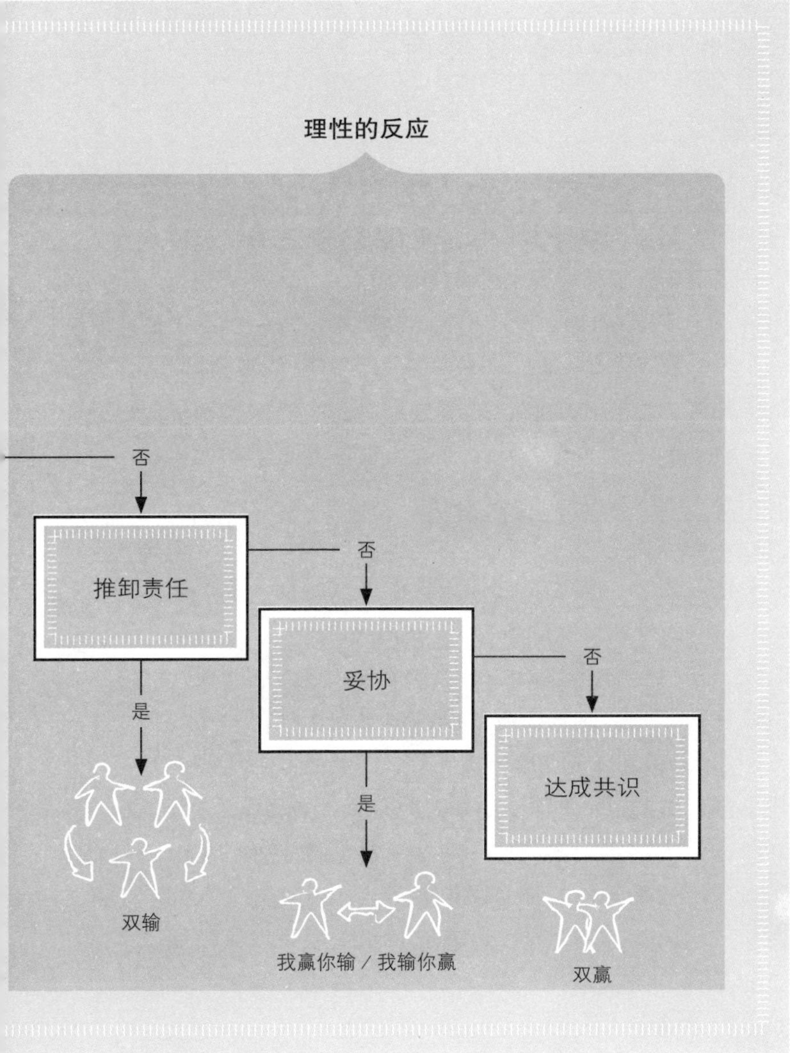
理性的反应
否
推卸责任
否
是
妥协
否
达成共识
是
双输
我赢你输／我输你赢
双赢

为什么你的经验没让你变得更加睿智

黑天鹅模型

这里有3个问题给喜欢反省的人思考：我们知道的事情是怎么得知的？过去有助于我们预测未来吗？意外事件为什么永远也预测不到？

伯特兰·罗素在1912年于著作《哲学问题》中以这个例子总结了这3个问题的答案：一只期望每天都有人喂食的鸡，假设每天都会持续得到喂食，那么这只鸡会坚信人类都是仁慈的。这只鸡的一生当中，从来不曾出现征兆直指有朝一日它会遭到宰杀的事实。

我们人类也得承认，最重大的灾难通常是在我们最措手不及的时候发生的。这也是为什么根据罗素所言，我们应该不时质疑自以为理所当然的事物。

例如，当两架波音飞机冲进美国世界贸易中心的时候，大众都震惊极了——这场灾难的来临似乎毫无预警可循。然而，就在2001年9月11日之后，接连好几个礼拜和几个月的时间，几乎什么事情似乎都跟这场攻击行动扯上关系。

黎巴嫩作家纳西姆·尼可拉斯·塔雷伯将这种现象——我们没有鉴往知来的能力称为黑天鹅。在西方世界，人们总是假设所有的天鹅都是白色的，直到17世纪生物学家发现了黑天鹅的品种，以往人们一直以为是匪夷所思的事物，突然之间却成了理所当然。

塔雷伯的黑天鹅理论并不是一个真的模型，而是对因果原则的反驳。这让我们了解，为什么我们明知屋子快要崩塌了，却还是紧抓着支柱不放。

你人生当中的黑天鹅——出乎意料之外的事情是什么？这是什么时候发生的？

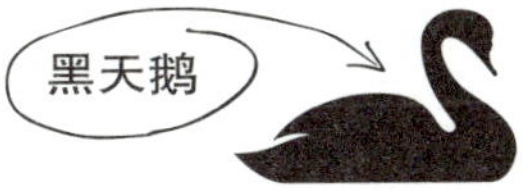

➡另请参考：黑盒子模型（第 120 页）

为什么人手一台iPod

断层—扩散模型

为什么有些理念，包括愚蠢的点子在内能够生存而且蔚然成风，有些却只是昙花一现，然后就枯萎，从此消失于大众的眼前？

社会学家以扩散来描述难解的理念或是复杂的产品受到欢迎的方式。20世纪30年代，布鲁斯·瑞恩和尼尔·格罗斯在爱荷华州格林郡对于混种玉米的扩散所做的研究，是最知名的相关研究之一。这种新品种的玉米，无论在任何方面来看都优于旧有的品种，可却花了22年的时间才广为人们接受。

扩散的研究人员把早在1928年就改采新种玉米的农夫称为创新者，并将受到这些创新者影响、规模比较大的族群称为早期采用者。他们是社群之中的意见领袖，尊重那些观察创新者实验的人士之余，随之也加入他们的行列。紧接着在20世纪30年代末期出现的是质疑的大众，除非其他先试过的农夫成功，否则这群人绝对什么都不会改变的，最后终于打动冥顽不灵的保守派（*落后者*）。

如果以图形来表示，这样的发展跟流行病典型的发展曲线是一样的。曲线起初会逐渐上升，然后跟许多新上市的产品一样达到临界点，这时许多产品会在这里失败。任何创新事物从初期采用者过渡到质疑者的临界点都有一个断层，根据美国社会学家莫顿·古德林斯所言，如果初期采用者成功地让这项创新事物跨过断层，打动质疑的大众，那么流行周期就会达到扭转的关键点。从这里，这个曲线会急速上升，这时候大众接受了这项产品，然后当只有落后者留下时则会再度下降。

以iPod或是iPhone之类的技术创新产品来说，上述的周期很短暂。有趣的是，初期采用者在这项产品一被关键大众接受就会离开，寻觅下一个创新产品。这个断层模型是美国顾问和作家杰弗里·摩尔开发的。

起先，他们对你视而不见；接着，他们嘲笑你；然后，他们跟你对抗，最后，你赢了。

——莫罕达斯·甘地

➡另请参考：帕累托法则（第106页）、长尾模型（第108页）

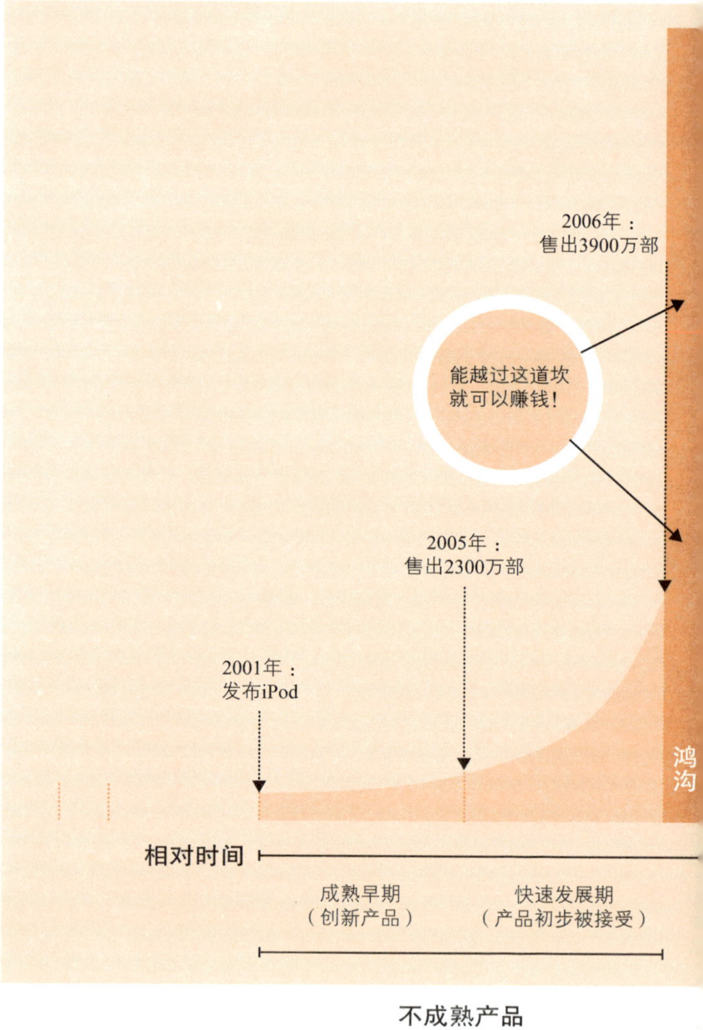

这个模型以iPod为例展示了典型的产品发展曲线。

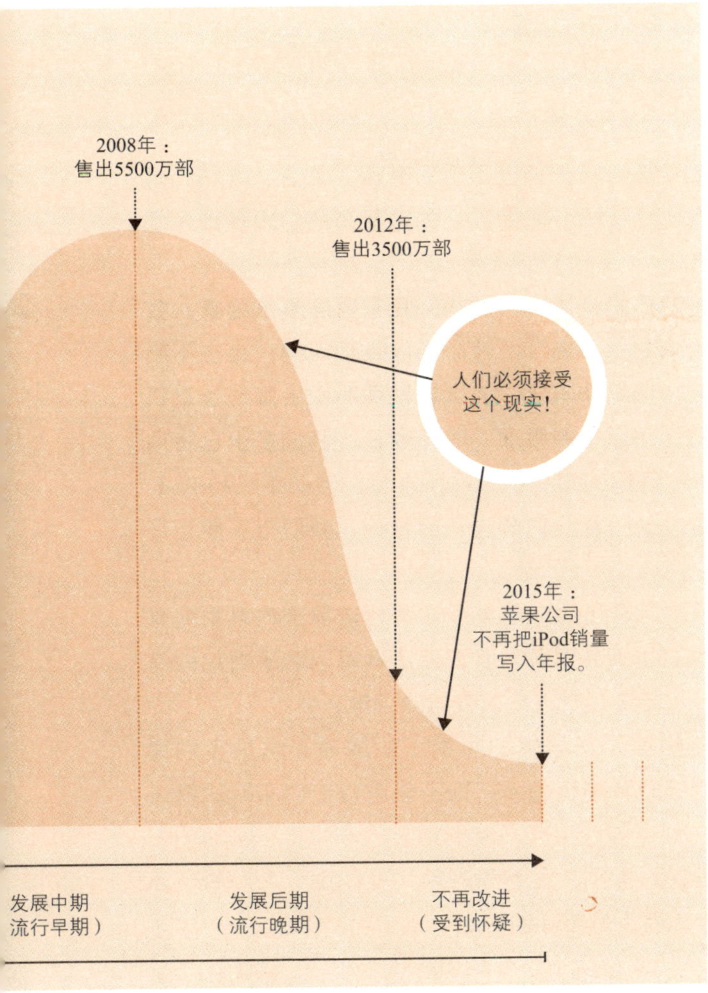
2008年：
售出5500万部
2012年：
售出3500万部
人们必须接受
这个现实！
2015年：
苹果公司
不再把iPod销量
写入年报。
发展中期
流行早期）
发展后期
（流行晚期）
不再改进
（受到怀疑）

成熟产品

信仰为什么取代了知识

黑盒子模型

我们的世界越来越复杂是不争的事实，黑白、好坏、是非分明的时代已经不再，取而代之的是复杂的、大多数人都不了解的构造。

随着周遭世界的步调越来越快，复杂程度越来越高，我们真正知道的事物——确实能够掌握以及理解的，也在不断地减少。及至20世纪80年代，教师还试图对学生解说计算机怎么以二进制代码运作的原理。时至今日，我们多少已将周遭许多我们不能理解的事物视为理所当然，例如手机和iPod。然而，就算有人试图对我们解说基因密码，我们很可能还是听不懂。

我们周遭的黑盒子越来越多，这些构造复杂的事物就算有人解说，我们也不会理解。我们无法理解黑盒子内部的流程，却将其投入要素和产出纳入我们的决策之中。

我们只能相信无从理解的事物不断增加，结果我们往往比较重视能够解释事情的人，而不是重视他们实际的解说内容。

假以时日，只需图片配合一些动作就能说服人们的现象将会成为常态，而不是实际的论点。

➡另请参考：黑天鹅模型（第 114 页）

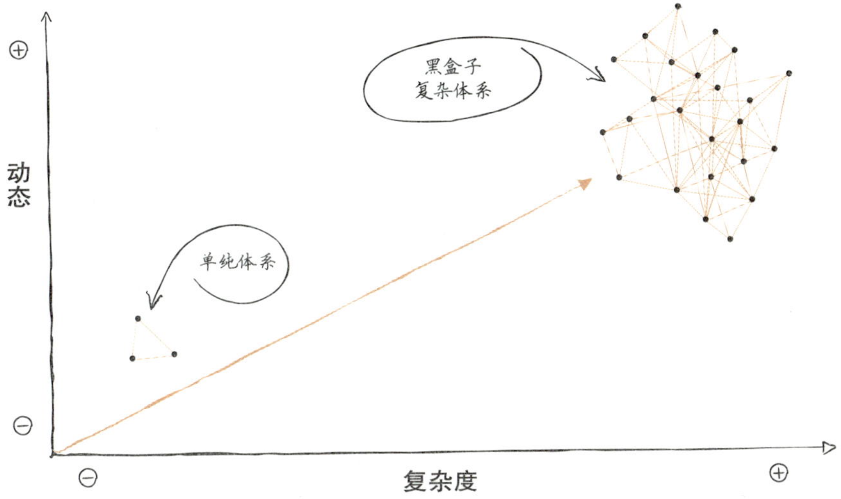

流程的速度和复杂度会等比增加，越来越复杂的解说往往让我们无法理解。

什么时候值得信赖别人

囚犯的困境

有句谚语说：信赖会招来背信。可真的是这样吗？我们可从以下这个谜题找到答案。

两名嫌疑犯曾经共同犯下某个案件，这个案子的罪行最高判10年。这两名嫌犯是分别落网的，警方对他们分别提出同样的条件：如果他坦承两人同谋犯罪，而同伙保持缄默，那么所有指控他的罪名都会撤销——可是他的同伙必须服完整整10年的刑期。如果他跟同伙都保持缄默，就算只有旁证，也足以让他们两人坐牢2年。不过如果他跟同伙都坦承犯罪，就会分别被判5年刑期。他们不能串供，那么在接受侦讯的时候他们该怎样回应？他们应该信赖彼此吗？

这就是所谓的囚犯的困境，赛局理论一个典型的谜题。如果这两名嫌犯都选择最明显的那个选项——也就是先坦承犯案，这会让他们分别被判5年，那么就会双输。如果其中任何一方信赖对方会保持缄默，那么结果会比较理想，他们会分别被判2年。值得注意的是，如果其中一名嫌犯承认犯案，那么另外一名嫌犯就会被判10年，坦承犯案的那个嫌犯便会获得自由。

政治学家罗伯特·艾瑟罗德在1979年举办了一场比赛，由14名学术界的同行进行200场囚徒困境实验，从中找出最好的策略。他发现在第一局最好跟同犯合作（也就是信赖对方），在第二局，跟你的共犯在前面一局所为一样，你仿效对方的举动，他也会仿效你。

你不能跟紧握的拳头握手。

——英迪拉·甘地（印度第六任总理）

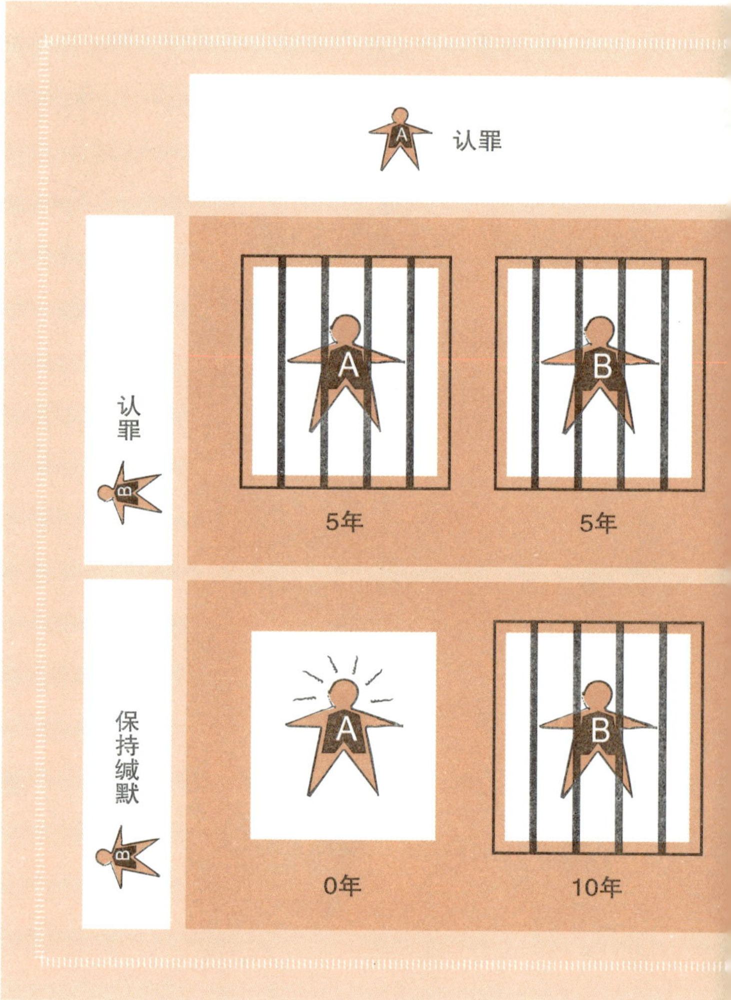

你跟共犯都在接受审判：如果只有你坦承犯罪，你的共犯将会被判10年刑期。如果你们两人都保持缄默，那么双方都会坐牢2年。如果你们两个人都坦承犯罪，那么两人都会服刑5年。你们不能串供，你要怎样反应？

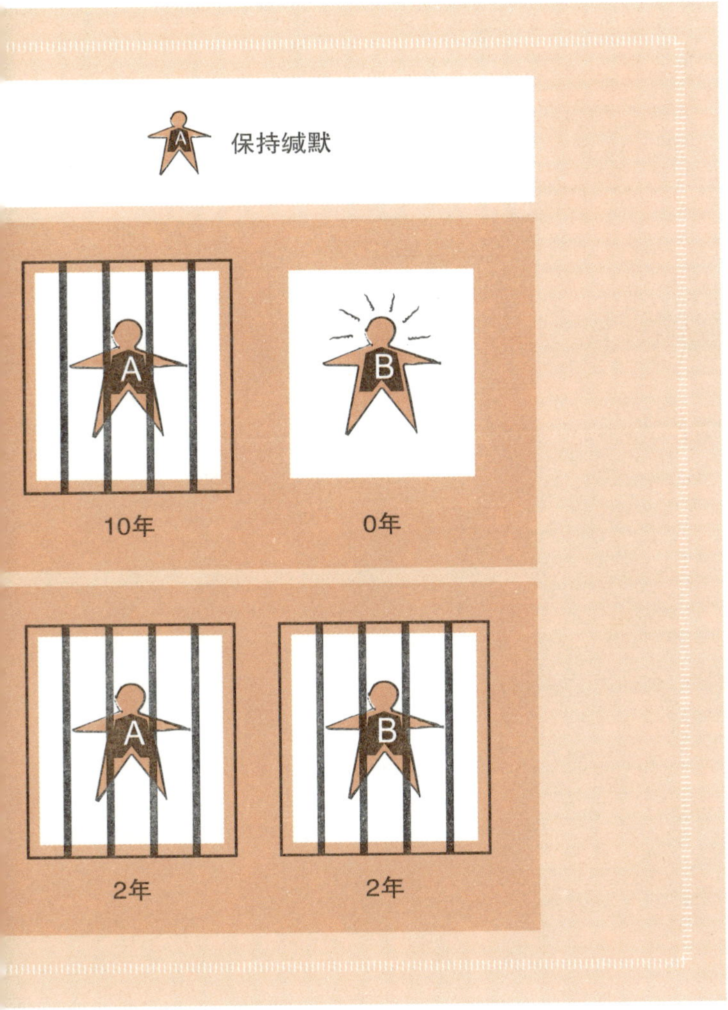
A
保持缄默
A
B
10年
0年
A
B
2年
2年

如何
改善他人

你的团队有完成任务的能力吗

团队模型

无论你是幼儿园园长，还是国家体育代表队的队长；无论你想要成立公司，还是建立募款委员会，都要问问自己以下这些问题：我有没有这个专案所需的人才？我们具备的技能是否符合项目的目标？我们有没有能力去做自己想要从事的工作？

这个团队模型将会协助各位判断你的团队。一开始要先对执行项目所需的技能、专家以及资源进行界定，列举执行项目必要的技能，区分软性技能（即忠诚度、动机、可靠度）与硬性技能（即计算机技能、商业以及外语能力）。以从1到10的分数界定每一项技能的关键界线，譬如，法语可以接受的流利程度可能是5分。接下来便是根据这些标准来判断你的团队成员，用线条把这些点连接起来，看一看这个团队的弱点是什么，长处又是什么。

随后由团队成员自行评估，所得到的结果会比这个模型本身更为明显，能够正确判断自身能力的团队才是好的团队。

注意：真正的长处蕴藏在差异性里，而不是相似处中。

“团队决策是无稽之谈”——这种观点在我看来有违常理。我可以提升团队的高度，但并不代表团队的高度。

——赫尔穆特·O.毛赫尔（雀巢公司前CEO）

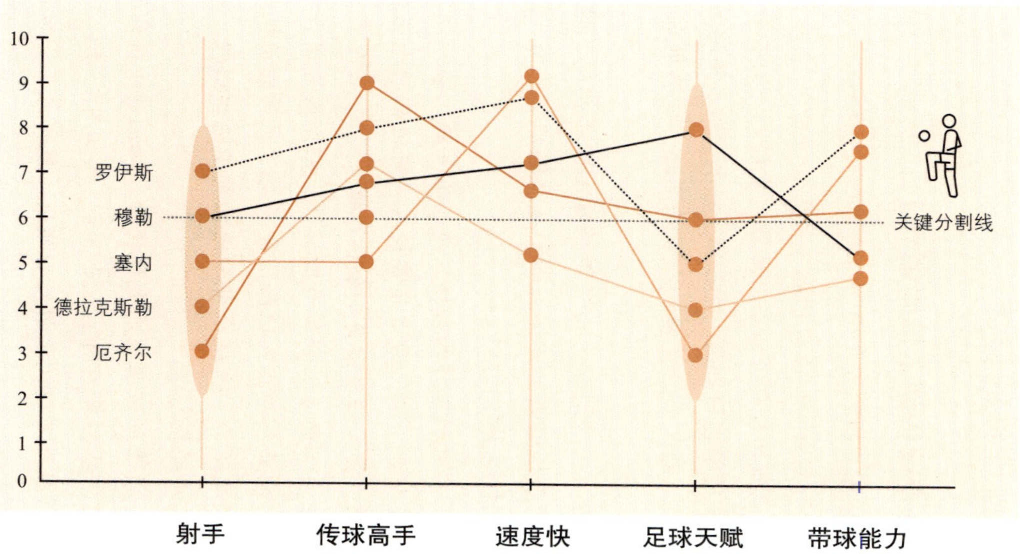

根据这些变量来评价你的员工，然后让每个团队成员进行自我评估，曲线会有不同吗？

如何成功管理你的员工

赫西—布兰查德模型（情境领导）

过去100年来，组织理论出现了许多巨大的变化。人就如同机器一般，而且应该待之如机器（泰勒、福特）。考虑到社会要素，不要客观地规范工作条件能够产生最理想的结果（霍桑效应）。组织能够自我规范（克拉克、法利）以及策略管理，也就是将组织活动区分为主要和次要的活动，能够带来成功（波特）。

保罗·赫西、肯尼斯·布兰查德提出大不相同的理论，主张最重要的是根据眼前的情况调整本身的领导风格，这种情境领导模型有以下4个部分：

1. **指导**：当开始工作的时候，员工需要强大的领导。作为新进人员，他们通常非常投入，可他们的专业程度还很低，员工必须接受命令和指挥。
2. **辅导**：员工的专业程度有所提升，他们因为压力以及新工作刚开始的客气已经消失，对于工作的动机和承诺也随之下降。在这个部分是向员工提出问题，由他们自己去寻找答案。
3. **支持**：员工的专业技能大幅提升，他们对于工作的投入程度可能各有不同：不是下降（员工可能辞职），就是可能因为更加独立而更加积极（鼓励员工提出自己的点子）。

4. **授权**：员工充分掌握自己的工作，对于工作的士气高昂，他们有自己负责的项目，并领导自己的团队。

以这种让自己显得多余的方式领导属下，引领员工迈向成功，有朝一日，他们便能独当一面。

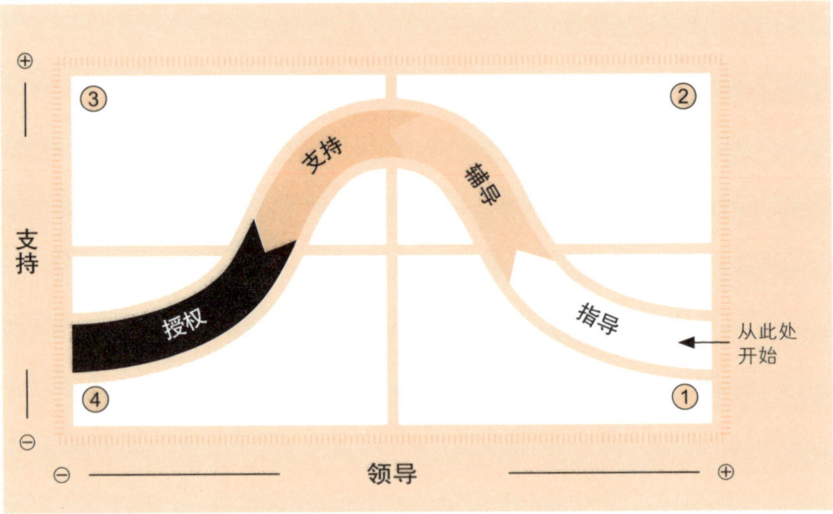

从右到左，新进员工必须先接受指导，然后是辅导、支持，最后则是授权。

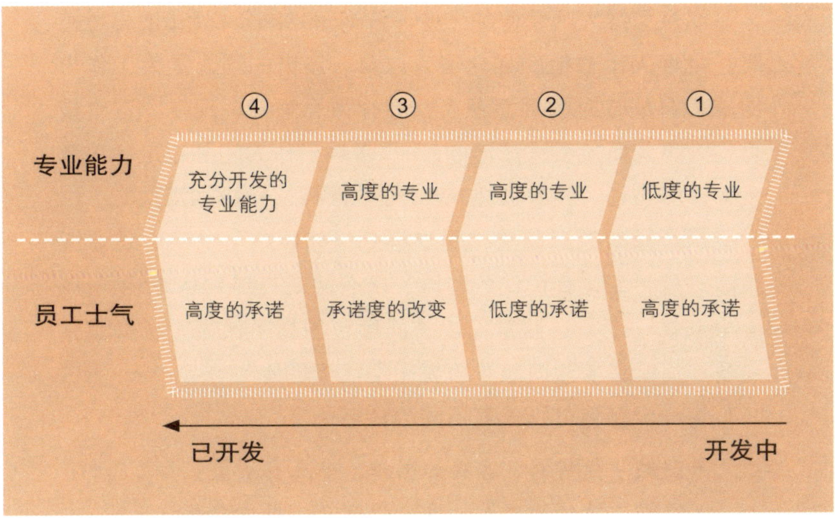

由右到左，是时间轴在线的能力与士气的对比。

如何让团队成员接受新观点

角色扮演模型

创意思维大师爱德华·德·波诺于1986年提出6项思考帽时，批评人士对他的理念嗤之以鼻。波诺的理念是为工作小组成员分配临时的平面观点，亦称为思考帽。现在，这个技巧广为世人所接受，波诺的6项思考帽已作为团队或是会议激发沟通的技巧，并兼顾趣味和严肃来探讨讨论的主题。

这个模式的运作方式是这样的：团队成员对某个理念或策略进行讨论，在讨论的时候，所有的成员都会从这6项观点之中选择一个，这些意见以不同颜色的帽子代表（所有团队成员都同时戴着相同颜色的帽子是很重要的）。

每一个颜色分别代表不同的特色：

- **白帽**：分析的、客观的思维，重点在于事实和可行性。
- **红帽**：情绪的思维，主观的感受、观感以及意见。
- **黑帽**：严谨的思维，风险评估、找出问题，以及质疑、批判。
- **黄帽**：乐观的思维，碰运气、赌会有最好的情况。
- **绿帽**：创意的、相关的思维，新的点子、脑力激荡、有建设性的。
- **蓝帽**：有结构的思维，流程综览、综观全局。

注意：会议必须有人主持，以确保团队成员不会偏离自身分配到的角色。

同构性高的团队，团队成员意见和性格特质雷同，同样也不行。在20世纪70年代，梅雷迪思·贝尔宾研究了个人和个性的角色以及对于团队成员的影响力，根据观察，他归纳出了9种形态：

- **行动导向的：**做事者、执行者、完美主义者。
- **沟通导向的：**协调者、团队合作者、开拓者。
- **知识导向的：**创新者、观察者、专家。

如果你有好的点子，但又担心可能遭逢强大的阻力，那么在领导团队讨论时不妨试试看下面的这种方式：让其他团队成员觉得点子是他们自己提出的。人们越是觉得自己组织出某个点子，对于这个点子的执行就会越加积极打拼。

➡另请参考：德雷克斯勒—西贝特团队绩效模型（第142页）

团队角色	贡　献
发明者	推出新的点子
资源调查者	调查可能性、开发人脉
协调者	鼓励决策流程、授权
塑造者	克服障碍
监督者	检验可行性
团队成员	改善沟通，推动进度
执行者	将点子付诸实施
完成者	确保结果最适化
专家	提供专家的知识

质	可容许的弱点
破传统的思维	心不在焉
通型、外向	过度乐观
立、负责	喜欢操纵他人
满活力，乐于在压力下工作	没有耐心，脾气暴躁
健的、注重策略	平庸
作的、具外交手腕	优柔寡断
守纪律、可靠的、有效	僵化的
真、迅速	胆怯、几乎不授权他人
立的、投入的	迷失于细节之中

如何让项目完美化

结果最适化模型

项目管理模型和方法多如牛毛，大多数都是基于项目会在一段时间之内完成的前提。一般来说，在这段时间内，人们会搜集、整合点子，选出概念以及执行。在现实世界里，我们都知道时间永远不够。时间本身已经很有限了，然而还有无法预期的事件会让时间更加紧迫，譬如就在你要使用的前一分钟，打印机却坏了。

随之产生的最适化模型把可用的时间区分为3段等长的序列（回路），让项目经理人不得不将项目分成3次来完成，个中的用意是改善每一个连续工作回路的成果。这个模型不但能让成果的质量更好，而且最终的结果也会更为成功：当项目终结的时候，整个项目小组不光会因为“总算告一段落”而高兴，而且会弥漫着3倍的成就感。

注意：在执行这项策略的时候要严谨，每一段回路都要切实完成之后才能展开下一段，否则这个模型的动态会丧失殆尽。

以开发流程而言，搜集、整合和执行这3个阶段要明确地区分开来。

完美的事物永远不会完美。

➡另请参考：德雷克斯勒—西贝特团队绩效模型（第 142 页）

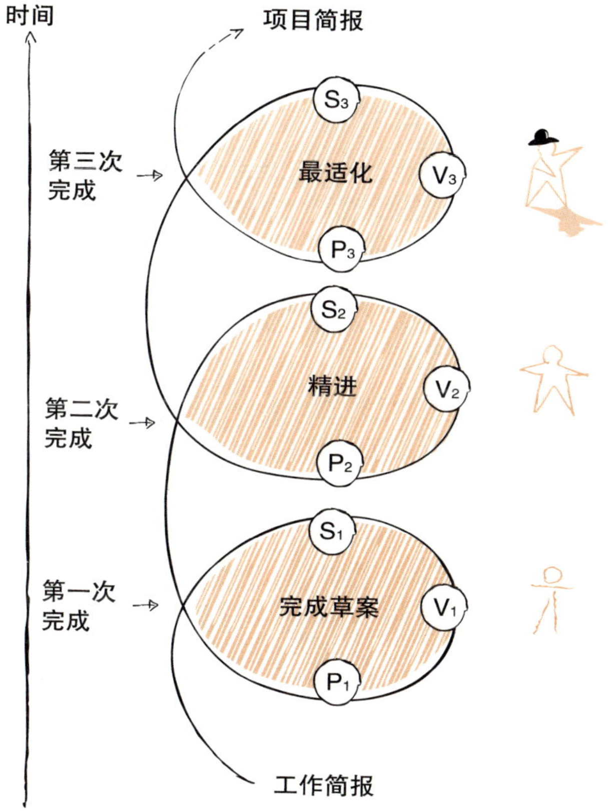

S = 搜集点子
V = 整合为概念
P = 执行

要达到最适化的成果，你应该规划项目要完成3次。在第三次，才算是真正的大功告成。

为什么不可能尽善尽美

项目管理三角模型

质量好、速度快或者成本少是衡量服务行业成功的三个标准，这句话里的“或者”一词是有理可据的，因为这几项标准里只可能同时做到两点：

- 好货高效不便宜。
- 便宜高效没好货。
- 物美价优效率低。

当你要完成一个任务的时候，比如想一个商业点子、组织一次午餐会或是完成硕士论文，就需要下面三个成功标准：目标（要在什么质量要求的标准下达到什么目标）、用时（时间结点是什么）和费用（最多可以投入多少资源）。但是请注意，现实并非总能按计划实现。如果要快点儿完成，就需要投入更多资源；如果要节约成本，就要牺牲质量；如果要提高质量，就需要投入更多时间。

没有什么比做无用功效率更低。

——彼得·F. 德鲁克

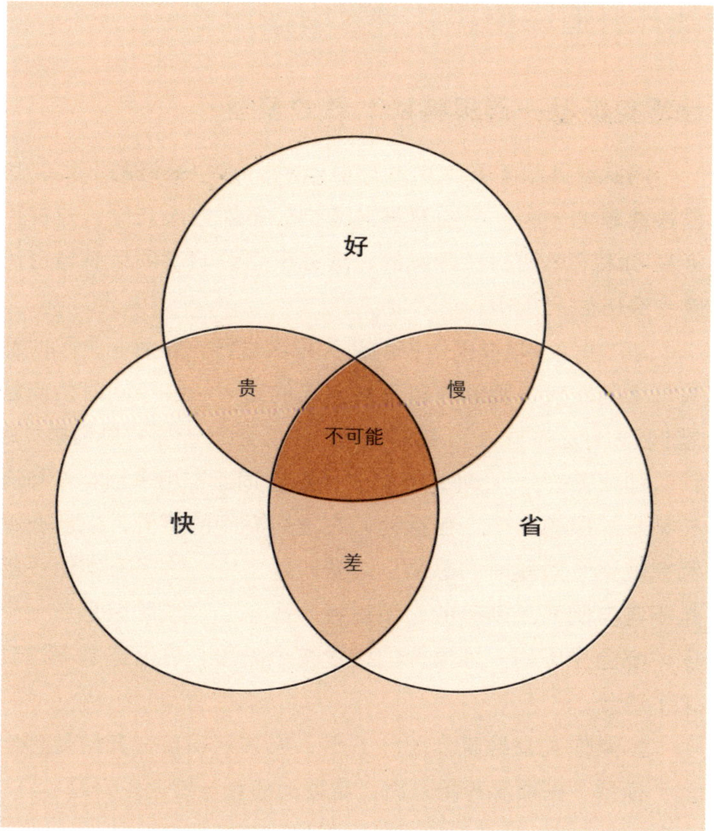

好、快、省——你只能三选二。

怎样打造完美团队

德雷克斯勒—西贝特团队绩效模型

团队绩效模型和策略有好几百种，其中最好的一种，也是最简单的一种，是由葛洛夫咨询公司创办人艾伦·德雷克斯勒和大卫·西贝特开发的，这套模型说明了项目参与者通常会经历的7个阶段。

请根据第144页模型中的箭头依次进行，在每一个阶段都有一个问题代表我们在当下对自己的疑问：在中间时的问题是“我为什么在这儿”，接着则是“我们会怎么做”，最后是“为什么继续下去”。此外，还有一些形容词通常用来形容参与者在某个阶段的感受，包括他们在进行期间的感受，以及在顺利完成这个阶段时的感受。这些阶段当中，许多答案似乎都是不言自明而且琐碎的，不过经验显示，这些阶段是每一个团体都会经历的。如果你们跳过某个阶段，日后还是得回到这个部分。

如果你在领导某个团队，那么应该从项目一开始就提出这个模型。在项目开始之后，定期询问参与者这些问题：

- 你们进行到哪儿了（项目的哪个阶段）?
- 你们要怎样做才能进入下个阶段?

如果你不确定目前团队进行到哪个阶段，看看模型中每个阶段附上的形容词，问问自己哪些形容词可以贴切地描述你个人，哪些则可以适用于团队中。

别因为团队中的负面情绪而感到胆怯，如果早该处理的议题一直压抑下去，接连好几个阶段都得不到解决，那么到了最后阶段你们还是得去处理。如果是这样，那还不如早点公开冲突，把问题解决。

注意：千万别试图将这个模型硬套在你们团队上。这个模型只是指引方向的辅助工具，就像是罗盘一样，而不是心律调节器。

唯有当有人勇于跨出第一步时，团队才能向前迈进。身为领导者的你，应该做好准备，成为第一个勇于犯错的人。

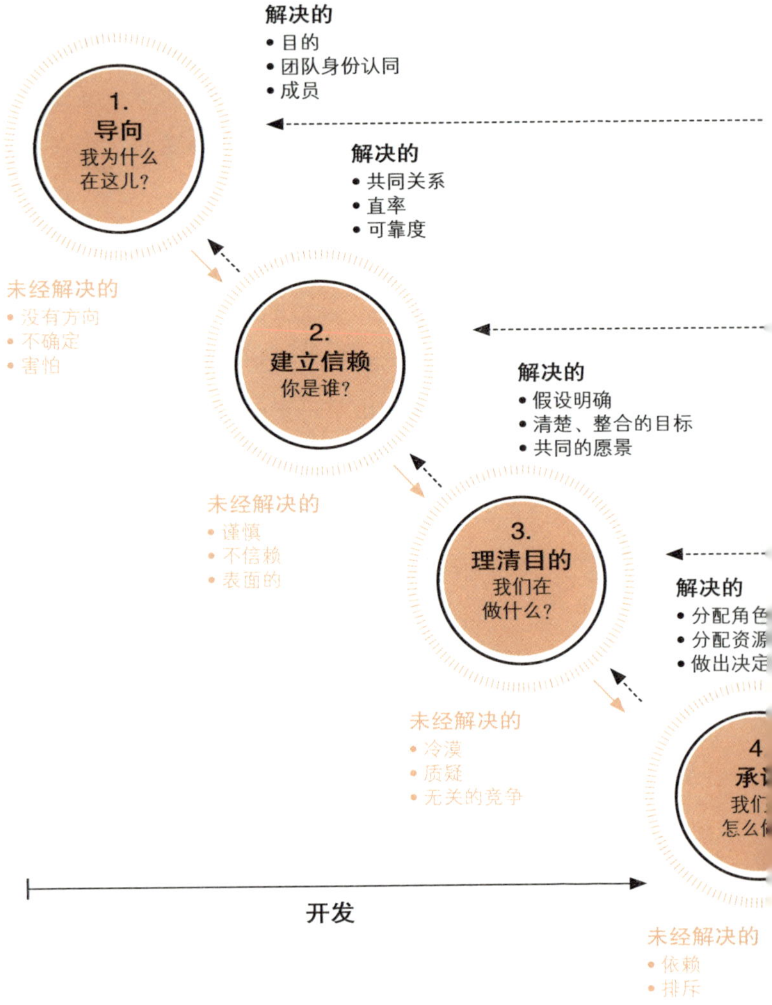

团队绩效模型显示每个团队在执行项目时都会经历的7个阶段。

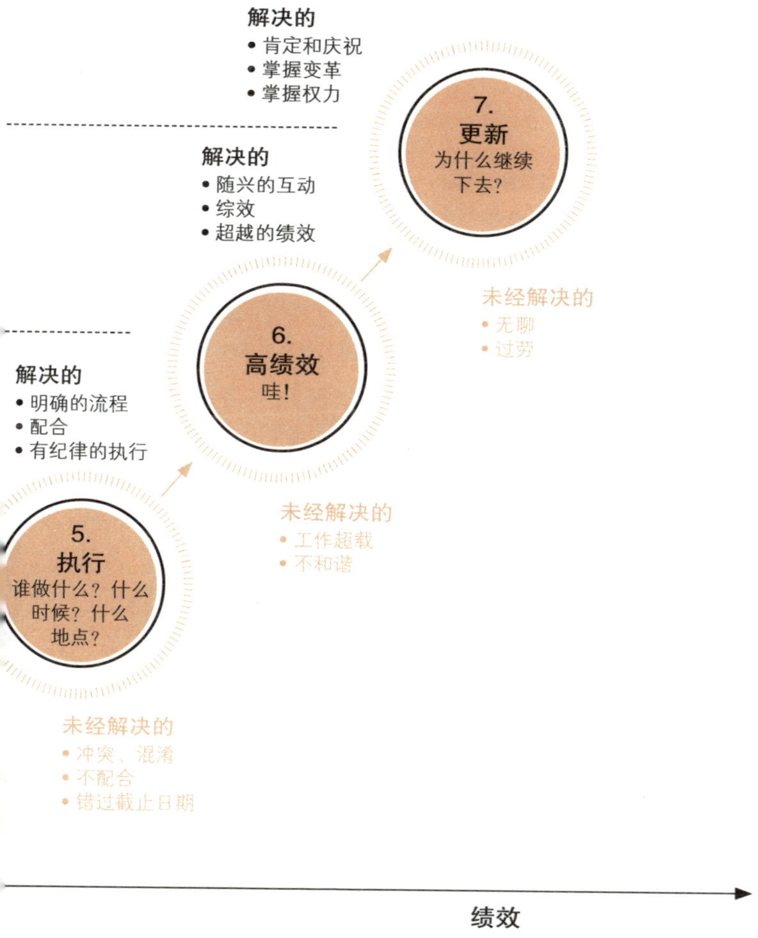
解决的
• 肯定和庆祝
• 掌握变革
• 掌握权力
7.
更新
为什么继续下去？
解决的
• 随兴的互动
• 综效
• 超越的绩效
未经解决的
• 无聊
• 过劳
6.
高绩效
哇！
解决的
• 明确的流程
• 配合
• 有纪律的执行
未经解决的
• 工作超载
• 不和谐
5.
执行
谁做什么？什么时候？什么地点？
未经解决的
• 冲突、混淆
• 不配合
• 错过截止日期
绩效

选择合作伙伴时该注意什么

期望值模型

我们通过选择合作伙伴的例子阐释期望值模型的问题。如果对未来合作伙伴没有期望，就说明你对此漠不关心，在这种情况下做出的决定很少会让人满意。当你寻找搭档的时候，如果他符合你的预期，那么你的期望值有多高，你就有多满意，也可以说，期望提升满意度（幸福感）。但这里有个临界点，如果你的期望值超越了临界点，那你注定会失望，因为这种理想状态是无法企及的。经验告诉我们，完美就像尼斯湖水怪，有人终其一生去寻找，但至今都没有人亲眼目睹过。

高要求并非总是难以满足的，但如果你有这种感受——你的预期从未被满足过，那么请扪心自问：如果少些期望，我会失去什么吗？

“好”的敌人是“更好”。

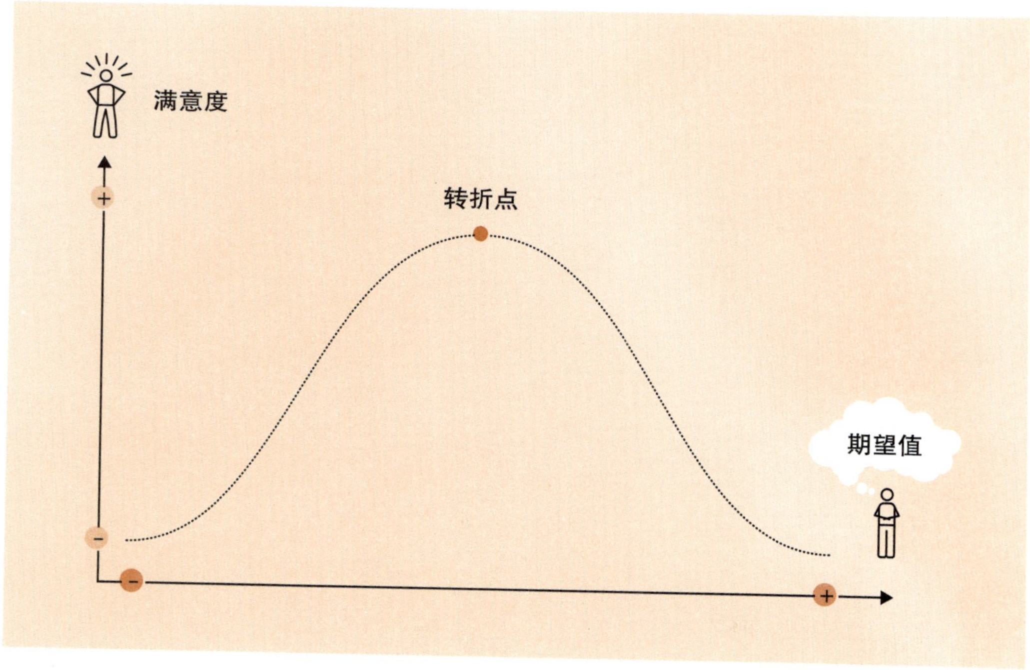

我们的满意度随期望值增加，到达转折点后，要求越高幸福感越低。

该你了

如何使用小技巧就能让人印象深刻

符号微课堂

1. **边说边画**：同步演示时，就算是粗略、随意的概念，当你把它们画出来时，观众就会理解，而且不会过分苛责。

2. **图片胜过千言万语**：画座冰山来吸引大家注意日益严重的问题，如果你想要说明支持成功的支柱，可以画座神庙；画个桥梁可以凸显关联性；粗略地画出国家的形状，可为人们建立地理上的前后关系；画传输带可以形容程序和流程；如果你想要整合点子，可以画个漏斗；如果要形容阶级制度，则可以画个金字塔。

3. **建立联系**：在绘制模型图的过程中，你同时也在身临其境地思考结构和关联性，在下一页你可以看到模型简笔画的一览图。

4. **用众所周知的符号表达他意**：每个人都能看懂交通标志和遥控器上的播放暂停键，但更有效的是，把经典的符号或缩写（如美元$或时间t等）当作象形文字来使用，这样更引人注目。

5. **轮廓本质**：在你表述和绘图时，要引导人们对你话题的注意力，这样你就不再是面对评委讲述某个议题，而是在和评委讨论这些事情。

6. **画错了别在意**：如果你把线画歪了，不要回头重画，因为这样会打断你论述的流畅度。即便你画的圆圈看起来和鸡蛋差不多，也是同样的道理。你画的是表示抽象含义的图形，而不是艺术品。

7. **使用原则**：熟能生巧。

USA
EU
AFR
A3
A1
A2
TNT

怎样进行图标描述

模型微课堂

1. 三角模型

A、B、C三者是怎样相互关联的？或者三者为什么会相互关联？

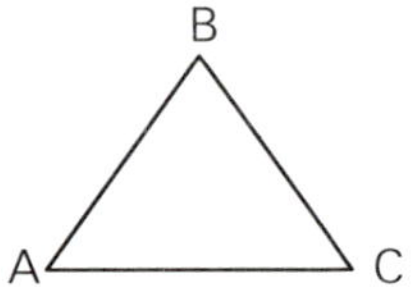

2. 饼图（饼状图）

C分别由多少A和B构成？

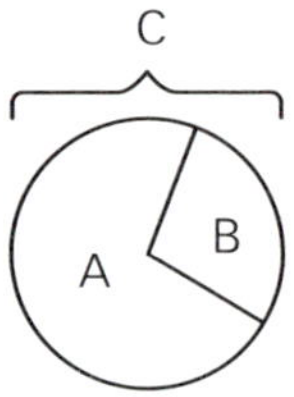

3. 循环图

由A到B再到C，然后再从A开始。

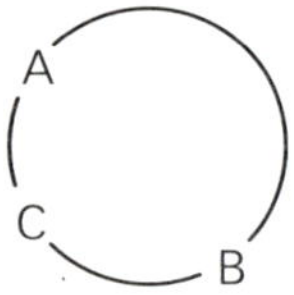

4. 因果链

C由B引起，B由A引起。

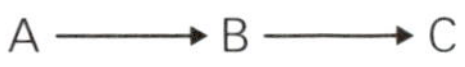

5. 流程图或树形图

流程图：从A到B或是C。

树形图：从A到B并且从A到C。

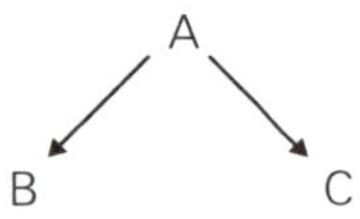

6. 思维导图

从A联想到B和C。

从B联想到B1、B2、B3。

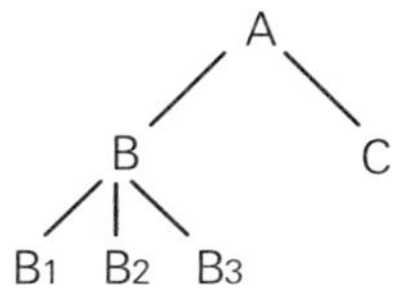

7. 同心圆

A是B的一部分，B是C的一部分。

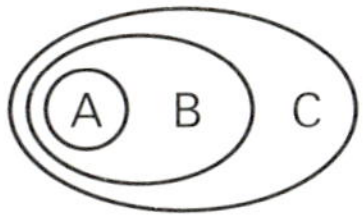

8. 混合图（韦恩图）

A和B、B和C、C和A的共同点，以及A、B和C三者的共同点。

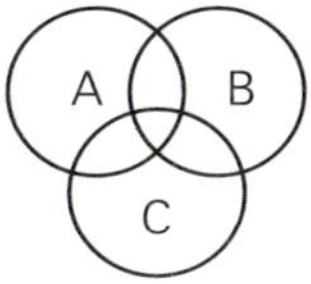

9. 力场分析

A制约B。

C驱动B。

10. 折线图

横轴表示时间（t），纵轴表示价值A，B和C是过程曲线（贝尔曲线、指数曲线、曲棍球杆曲线等）。

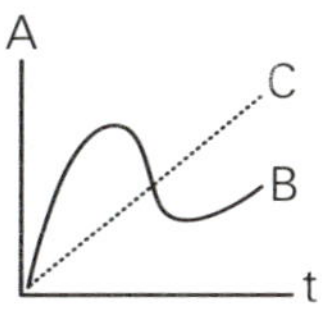

11. 二维坐标模型（笛卡尔坐标系）

A轴和B轴是不同的变量，曲线C表示二者可能的关系。

另一种是四场矩阵，这时用定位来替代曲线表示关系。

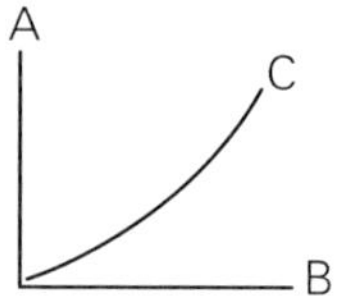

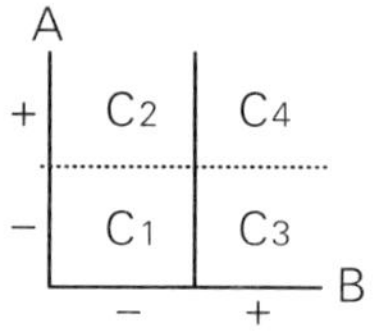

12. 极点模型

变量的终点是互相对立的：黑白对立或左右对立。

可以表示不同的定位。

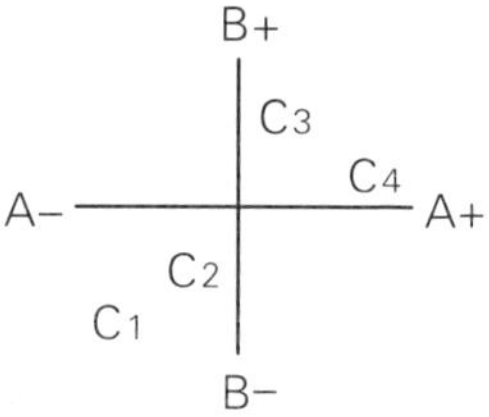

13. 雷达图表或蜘蛛网图

可以表现多个变量和它们的辐射度，用独特的形状表现关联性。

适用于进行比较的情况。

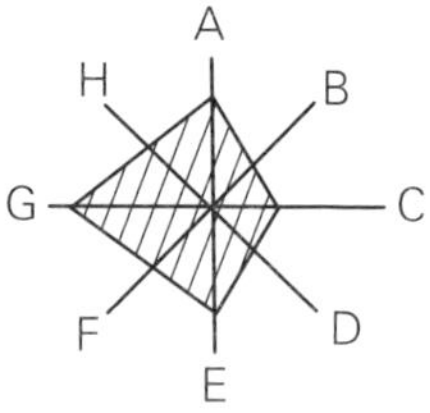

14. 表格模型

逐项列出A、B、C、D或它们的组合。

	A	B
C	AC	BC
D	AD	BD

15. 漏斗模型

A、B和C可以得出什么？

16. 搭桥模型

假设B是一个障碍，怎么从A走到C？

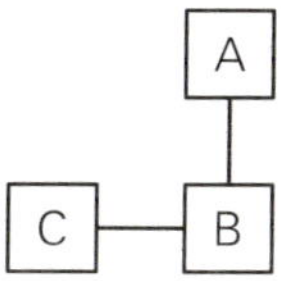

17. 金字塔模型

C的作用是什么？

换句话说：A怎么证明它的位置是合情合理的？

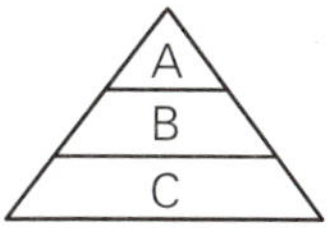

18. 树木模型

A是B和C的根源。

我的模型

我的模型

我的模型

附录

结束语

人工智能时代，我们更需要思考模型

——卡琳·弗里克，圣爱都特维勒学院研究负责人

在编辑本书的第一版时，我写了一篇关于未来模型的文章。现在10年过去了，大家希望我检验文章中的预测是实现了还是失败了（我们很少检验自己的预测，请见自我反馈模型，第024页）。

我当时的核心观点是：事物之间的联系就是新的因果关系。目前看来我们似乎不再需要（决策）模型，即看上去符合因果关系的逻辑越来越不重要，因为智能机器是从数据推导出结果，而不是通过模型。我当时写道，几乎我们现在做的、买的、决定的所有事情都会留下电子痕迹，人们可以随时辨别、评价和使用它们。

事实上，这些电子痕迹在今天极为平常。一些精通数据信息的人，比如谷歌、Facebook和Netflix（网飞）网站的数据专家，比只擅长于社会科学理论和模型的社会心理学家、消费心理学家和市场专家更明白使用者的习惯和需求。未来几年，最强大的管理工具不是强有力的分析，而是智能助手。Siri或亚马逊回声功能比我们自己更了解自己，比如谷歌人工智能已经能自主地为我们提出新年目标的建议。毫无疑问的是，帮我们做决策的人工智能助手已经发生革命性的变化，

它引导我们另辟蹊径地观察、理解和改变世界。思想替代体和记忆扩展对我们世界观的改变，就如同望远镜对我们认识天空的改变一样翻天覆地。具体有两种可能性：

1. 人工智能会客观独立地从不同角度观察现实情况。
2. 人工智能可以实时结合不同信息进行分析，从而替代人类以前的主观经验。

那么现在该怎样掌控管理决策的改变呢?

第163页中的数据信息来自IT专家安德鲁·迈克菲。一个基于少量数据信息得出的决策，通常是一家企业中最高薪的人做出的（McAfee把它称为HiPPO，即Highest Paid Person's Opinion——译者注：最高薪人士的意见）。

这其中的逻辑在于：这个人之所以收入最多，不是因为他的决策有多高明，而在于他承担着责任。而在决策过程中，信息流越大，做出好决策的潜在可能就越大，最高薪人士的意见就越无关紧要。所以，数据是去等级化的有力工具。

那么，这样就万事大吉了吗？未来都会向好的方向发展了吗?

我对此的回答是：很难说。以后的决策者都会使用人工智能预测工具，而不是使用模型。这些工具凭空而来而且会出现认知扭曲（与人的“认知扭曲”不同，请见第078页），我们不理解机器是根据什么价值观进行衡量的。掌控世界的运算法则是个只有专家才能看穿的黑匣子，而我们必须得在不了解它的基础上信赖它，这种新的辅助思维工具会反馈它自己的真实面目。

“人类发展了速度，却禁锢了自己。我们让机器代替人类工作，代替人类思考。智慧让我们玩世不恭，知识让我们冷酷无情。但除了智慧和知识，我们还需要宽容和善良。没有人性和仁爱，人类是没有存在价值的。”1940年，查理·卓别林在电影《大独裁者》中就表达了上述观点。这段话的现实意义令人咋舌，它的意思是：我们鼓励进步和发展，却要谨慎地使用它们。

问题不仅在于道德伦理层面，也存在于现实中。我们正在经历选择悖论：海量信息本可以保证高准确度，但同时也带来很大困扰，因为我们得对数据的总量、速度和多样性都心知肚明——即使这样做没有任何意义。

10年前我的结论是，你不能小看从本书中了解到的这些模型，即便它们稍显老套或只是模拟情境，依然可以帮我们在漫无头绪的时候寻找到规律和关键点，让我们判断价值并指导我们决策——所有这些都是不能交给机器去做的。如今，在这个机器思维和去中心化组织的时代，我比任何时候都更相信这一点。

本书会持续改版，如果你发现了错误、知道别的模型、对怎样扩展模型有建议，或者你只是想进行评论，都请告诉我们，你可以通过www.rtmk.ch找到我们的联系方式。

如果你想知道你是哪种决策者类型，可以参与我们的在线小测试：www.entscheidungstest.ch。

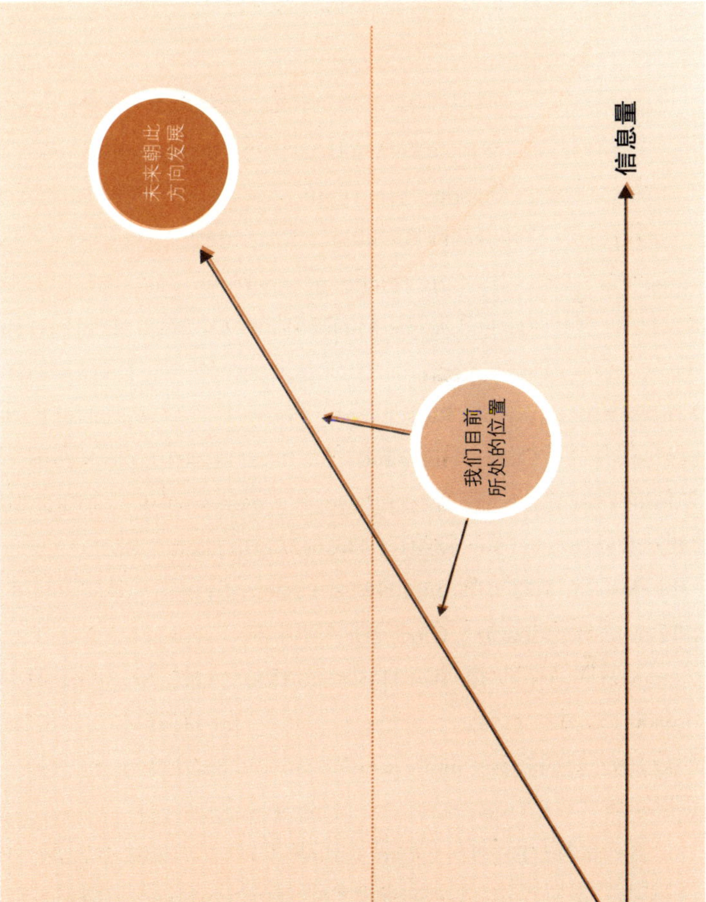
决策者
机器
人
信息量
未来朝此方向发展
我们目前所处的位置

致谢

若无以下人士和机构的慷慨相助，本书也无缘顺利完成：

Pat Ammon, Multiple Global Design (für den Morphologischen Kasten); Chris Anderson, Wired (für das Long-Tail-Modell); Andreas »Becks« Dietrich (für kluges Sparring); Uffe Elbæk (für seine Fähigkeit, alles zu zeichnen, sowie für das Uffe-Elbæk-Modell); Matt Fischer, Apple Music Store (für Inspiration); Karin Frick, GDI (für einen Schulterblick in die Zukunft); Dag Groedal, Nordea (für sinnvolle Ratschläge); Peter Haag (weil er [an] uns geglaubt hat); Cédric Hiltbrand (für Korrekturen); die Kaospilot School (für die beste Ausbildung, die man sich denken kann); Marc Kaufmann (für positive Despektierlichkeit); Benno Maggi (für das Marktlücken- und Swiss-Cheese-Modell sowie weiterführendes Feedback); Christian Nill (für Feedback); Courtney Page-Ferrell, Play (für den Hinweis »Don't take yourself too seriously«); Sven Opitz, Universität Basel (für Double-Loop-Learning); Sara Schindler und Laura Clemens (fürs Lektorat); Pierre-André Schmid, Universität Bern (für immerwährendes Interesse und die vielen Bücher); Ute Tellmann, Universität Basel (für Modellkritik); Daniel Weber, NZZ Folio (für hilfreiche Hinweise).

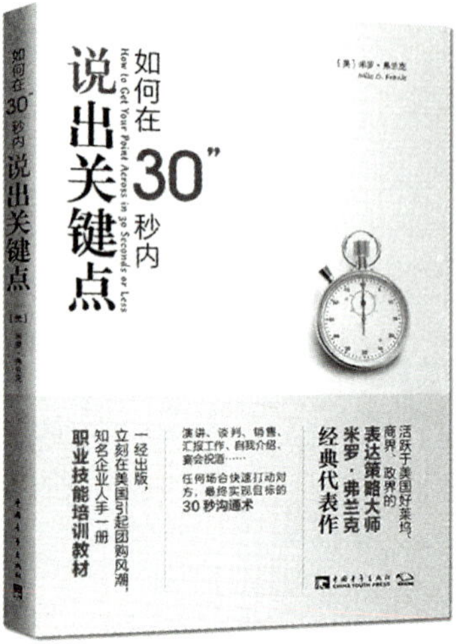

ISBN：978-7-5153-3949-8
著者：（美）米罗·弗兰克
页码：168页
定价：32.00
中国青年出版社
2016年1月第1版

如何在30秒内说出关键点

★ **演讲、谈判、销售、汇报工作、自我介绍、宴会祝酒……在任何场所都能快速打动对方，最终实现目标的30秒沟通术。**

★ **活跃于美国好莱坞、商界、政界的表达策略大师经典代表作，知名企业人手一册的职业技能培训教材，至今已在全球数十个国家和地区出版发行。**

科学证明，人类在心猿意马之前保持专注的时间只有30秒，因此，不管何时何地，面对何人，会面时间有多长，在30秒之内把话说清楚是实现沟通目的的关键。

美国著名商业顾问米罗·弗兰克幽默而生动地展示了如何在30秒内，实现最完美的表达与最有效的沟通：

- 开口就说重点；
- 抛出诱人的钩子；
- 讲述精彩，动人心扉；
- 让听众意犹未尽，满足你的需求。

读者学会后，可以集中精力思考、写作与说话，逻辑性更强，自信心更高，表达更简洁、清晰、有力，从而在会议上、面谈中等各种重要场合一鸣惊人，甚至改变职业与人生方向。